与焦虑和解

墨 非◎著

· 超实用的焦虑缓解三册 ·

中国华侨出版社

· 北 京 ·

图书在版编目（CIP）数据

与焦虑和解 / 墨非著. —北京：中国华侨出版社，2023.4

ISBN 978-7-5113-8578-9

Ⅰ.①与… Ⅱ.①墨… Ⅲ.①焦虑–心理调节–通俗读物 Ⅳ.①B842.6-49

中国版本图书馆 CIP 数据核字（2021）第 152827 号

与焦虑和解

著　　者：墨　非
责任编辑：张　玉
封面设计：天下书装
经　　销：新华书店
开　　本：710 毫米×1000 毫米　1/16 开　印张：14　字数：207 千字
印　　刷：涿州市京南印刷厂
版　　次：2023 年 4 月第 1 版
印　　次：2023 年 4 月第 1 次印刷
书　　号：ISBN 978-7-5113-8578-9
定　　价：45.00 元

中国华侨出版社　北京市朝阳区西坝河东里 77 号楼底商 5 号　邮编：100028
发行部：(010) 58815874　　　　传　真：(010) 58815857
网　址：www.oveaschin.com　　E-mail：oveaschin@ sina.com

如发现印装质量问题，影响阅读，请与印刷厂联系调换。

前言

　　在当代社会，焦虑是困扰许多人的极为严重的负面情绪之一。生活中，它像紧箍咒一般，套在每个人的头顶，影响着我们的身心健康。事业受挫，人际关系不和谐、受到批评、家庭内部出矛盾，工作任务重，在上班路上堵车……都会引发焦虑感，可以说，焦虑存在于人们日常生活的方方面面，几乎无孔不入。当身处焦虑中，多数人的第一反应就是排斥、压制它，将它视为"敌人"，我们在其中感到异常烦躁和痛苦。实际上，这是错误对待焦虑的方式。要想真正摆脱焦虑，正确的做法就是学会与它和解。

　　作家张德芬说过，很多时候，我们感觉不好，比如失恋、悲伤、焦虑、消沉，我们会一直想要从这个泥沼中挣扎着逃出来，并且不由自主地会产生与之对抗的情绪。这实际上是在否定、排斥和压抑，最终只会使人在负面情绪的泥潭里越陷越深。所以，我们要牢记，凡是你所抗拒的，都会持续。因为当你极力地抗拒某件事情或某种情绪时，你的全身心都会聚焦在那里，这样你就赋予了它们更多的能量，反而使它变得更为强大了。焦虑也是如此，当你身处焦虑，越是以对抗和排斥的态度对它，反而会被它折磨得越厉害。

　　心理学上认为，人的焦虑、悲伤、痛苦等负面情绪就如黑暗一般，要驱散它，就要引进光亮。光出现了，黑暗自然就会消退，这是不变的定律。而喜悦则是消退负面情绪最好的光亮。当然，这里的喜悦并不等同于快乐，快乐是需要外在条件的，而喜悦则是心灵滋生出的一股正能量。"喜悦"的初步反应就是接纳，即接受你受负面情绪困扰的事实，然后发现它们存在的"珍贵"之处，再将它们变成自己人生中的一次"宝贵"体验。当你慢慢地体验到这个过程时，你就会发现，原本使你厌恶和抗拒的、那些坚硬无比的坏情绪，竟然也变得"柔软"起来了，可以滋养你的生命。

所以，当我们沉陷焦虑中时，要学着以包容的心态接纳和拥抱它，懂得与它达成和解，并与其和谐相处，而不是奋力地去抗拒它。当然，要做到这一点，首先要学会去体察自我情绪，即当焦虑来临时，沉下心来去反思自我内在的焦虑情绪是如何产生的，它是以怎样的状态存在的，然后以接纳的心态去拥抱它的存在，如此这般，焦虑的感觉便会减轻很多。依据这一理论，我们特编写了本书，目的是让更多的人以理性的眼光去看待焦虑，并以正确的态度和姿态去对待焦虑。

同时，本书还提供了各种实用策略帮助你更好地处理各种各样的焦虑问题，在实际运用这些策略之前，还要清楚地了解一下焦虑的本质，并根据自己的实际问题去正确处理和应对焦虑。

希望本书对解决你的问题能提供一些有益的帮助。

目录

065 第三章
正视焦虑，看到负面事物背后的积极意义

089 第四章
驱散焦虑，用行动去滋润你的日子

111 第五章
再强大的焦虑，都会在自律前甘拜下风

137 第六章
悦纳自己：唤醒内在的安全感

第一章

厘清焦虑之源：斩断焦虑思维，
打破自我折磨的死结

　　焦虑是现代人都会有的，如何有效地摆脱焦虑，是现代人面对的一大难题。事际上，任何事情要从根本上解决它，首要的就是要搞清楚它的本源。同样的，要摆脱焦虑，我们首先要搞清楚自己焦虑的根源是什么。比如很多人的焦虑，是一种对潜在失控的恐惧；有的人焦虑，是因为人际关系的不和谐等。当我们身处焦虑时，我们首要的就要对自身焦虑的前因后果进行抽丝剥茧的分析，然后才能采取有针对性的方法，让自己的内心回归平静。本章让你明白自己焦虑的主要原因，了解你为何总是处在焦虑的包围中，从而采取有效的方法，斩断焦虑思维，打破自我折磨的死结。

理性认识焦虑：它是人类与生俱来的一部分

在当今这个高速发展的时代里，生活的烦恼、工作的繁重和学习的压力，无不在冲击着我们脆弱的心灵。与其他坏情绪一样，焦虑也时不时地会向我们袭来，折磨我们的内心，冲击我们的快乐，折损我们的幸福，甚至给我们的生活带来灾难。我们似乎总是在为考试、工作忧心忡忡，总在担心自己的职位不稳，担心孩子的教育，担心老无所依，担心不可预知的未来，担心天灾人祸……我们的焦虑似乎总有理由，我们的焦虑又似乎总是没来由。焦虑究竟从何而来？我们如何才能从根本上避免焦虑，过上快乐的生活呢？

美国著名心理学家罗伯特·L·莱希博士指出，要认识焦虑，首先要明白一点，它是我们人类与生俱来的一部分，也是人类众多种情绪的体现之一。有史以来，我们的祖先就生活在一个充满各种危险的世界中：天敌、饥荒、有毒植物、敌对的邻国、高寒之地、疾病、水灾。应对这些危险，人类的心理得以逐步进化。正是进化，让人类逐渐拥有了这些躲避危险的品质。其大多数，只是各种形式的预警而已。人类恐惧情绪的产生，就是一种对自我保护的反射。所以，要祛除焦虑，首先我们就要理性地看待现实世界，不杞人忧天，不过分地为不可预知的未来而担忧。

如果说恐惧是知道你害怕什么，那么焦虑就是你不知道你害怕什么。换句话说，焦虑就是一种很深的恐惧，这种莫名的焦躁不安的状态，会给人们带来许多负面的影响，甚至还会危及人们的健康。比如人在自身压力过大或情绪焦躁难耐时，会引发疾病等。所以，当你在焦虑时，一定要引起足够的重视，在积极求医的同时，更要建立防御焦虑的心理高墙。

汪泉从小就是个非常优秀的孩子，考试几乎每次都是第一名。后来，他顺利地考上了一所一流的名牌大学，而后又出国留学了几年。留学回国后，他到了一家全球著名的外资企业工作，深受上司的器重。

当然了，对他器重也是有原因的，公司内部有个花费了一两年都没做完的项目标，经他手之后，不到三个月就完成了。更难能可贵的是，尽管他能力很强，业绩很好，却丝毫不狂妄自大。在工作中，汪泉的认真、谨慎、踏实是大家公认的，而且与同事之间相处得也很好。在家里，他是个好儿子，好丈夫，好父亲，家人都依赖他。但是，后来发生的事情却不是如人们所想象的那样好。

有段时间，因为工作上的原因，汪泉的情绪有些不太好。公司接到了一个大项目，汪泉自然是主要负责人，项目催得很紧，需要在规定的时间里完成，于是几个月的时间里，他都将自己大部分的时间耗在了办公室里，没有了周末，熬夜加班更是家常便饭。他平时只是感到压力很大，但是从不注意去发泄、调节。最多是回到家中对妻子发牢骚，甚至还发脾气，数落妻子的饭菜做得不合胃口等，平时不怎么抽烟的他，烟瘾一下子也大了起来。尤其是最近，他总是感到莫名的心慌、头痛，动不动就对项目小组中的成员训斥一番，甚至有一次还与对方动起了手，小组成员怨声载道，有几个已经辞了职。经理得知情况后，就撤了他的职，他心中更是烦闷，对前途失去了信心和动力，人也憔悴了不少。

工作压力是造成焦虑的主要原因：比如工作任务太过繁重、在单位中得不到上司的认可、同事关系紧张、职业倦怠引发的心理危机，等等。这样的人因为太在乎得与失，所以整日忧心忡忡，这种忧心使他不停地去追求满足感，不停地忙碌，就像一辆车一直在消耗、磨损。直到有一天，汽车没油了，心理枯竭了，就会使自己陷入崩溃的状态之中。所以，在生活中，我们一定要学会适度的调节，以防让焦虑来袭击你。同时，你也要明白，焦虑是导致缩短人类寿命的主要因素之一，因为焦虑往往与抑郁、紧张、惊恐等各种伤害身心的负面情绪紧紧相连。因此，建议你从以下几点去应对焦虑情绪：

1. 尽可能地客观地看待问题。要知道，我们的焦虑情绪很多时候都是自己幻想出来的，而非现实情况，所以，遇到问题或事情，一定要理性地看待事情本身。

2. 用理性的思维去分析事情本身可能出现的结果。试问自己：如果事情真的发生了，真的会如自己所想的那样糟糕吗?

3. 放开自我控制，懂得放松自我。你可以到野外去散步，可以听音乐，以此来平衡情绪。

焦虑本质上源于内心的矛盾和冲突

焦虑本质上源于内心的矛盾和冲突，造成矛盾和冲突主要是因为内心的撕裂与交战带来的。比如，有些人在现实中可能有这样的感受：一个人不工作、不交际，在家里安静地"宅"一天后，便会感到无比地疲累。他们一方面感到孤独无比，极想与外界的人或事建立连接，这种感觉常会被我们所忽视，但另一方面又惧怕与外界建立任何的连接，所以不断地压制这种连接的渴望。这种内在的撕扯的状态，会让人陷入极度的焦虑中。比如，你接到一项新任务后，一方面想通过完成任务而获得肯定，另一方面又总是担心自己可能无法胜任，于是就在这种矛盾和冲突中茶饭不思，焦虑异常……

路易丝清楚地记得，在自己刚入职的时候心潮澎湃，面对新的工作挑战，也都愿意主动去参与，每天上班没有丝毫的焦虑感与疲惫感。但是渐渐地，他每天上班重复的都是一件事情，这让他逐渐对工作丧失了激情。最近，他开始对自己有些失望，不停地在纠结要不要辞职。就这样，处在焦虑中的他，连早上起床都感到疲惫不堪，早上上班无论是乘公交还是自己骑车，都会感到心里堵得很，极为烦躁。更为重要的是，路易丝不善交际，平时也没有什么朋友，星期天经常是在家窝着，不肯出门，每次周末过后，回到工作岗位上，又会产生无比焦虑的情绪……

很显然，内心的纠结、矛盾和冲突，是导致个人焦虑的主要原因，尤其是在面临人生重大问题选择时产生的心灵撕扯感，不断地消耗人的内在能量，带来的是极大的疲惫。当然，在此过程中，各种意识的力量在内心的不断"交战"，也是为了让我们做出更好的选择或决策，比如路易丝在对工作失去兴趣时，他会考虑自己是否适合这份工作，然后经过内心的焦虑和挣扎后做出更明智的决策。很多时候，焦虑情绪确实很折磨人，但也正是这种情绪能让我们保持清醒，完善自身。一定程度的焦虑可以帮助我们走向成功：迫在眉睫的最后期限、人际关系带来的压力、财务危机、事业的受挫等都能促使我们或开动脑筋或反思自我，以获得强大的修正自我的动机。从这个意义上说，适度的焦虑是十分有益的，因为它可以促使我们调动所有的能力和资源来避免陷入危险的境地。但遗憾的是，很多人却难以把握焦虑情绪的度，不但没有将这种情绪变成强大的催化剂，反而让它消耗掉我们的精神和心情，最终使自己走入崩溃的境地。

　　无论你是否相信，焦虑情绪在很多时候确实能给人带来正面的影响。比如，在某些时候，焦虑有助于使你保持活力，而且还十分有助于你保持人类的特性。一个正常的人是有欲望、期望和目标的。当我们不懂得如何去处理自己的欲望、期望或目标时，内心就会处于矛盾或撕裂的状态，那焦虑自然就产生了。

　　玛丽在一家合资企业工作，入职两年多，对自己的工作表现还算是比较满意。刚刚进公司的时候，她意气风发，想着一定要努力工作，争取在两年内加薪或升职。

　　在玛丽看来，升职加薪主要靠出色的工作能力，只要做出成绩，一定会获得上司的赏识。但是，在单位中，玛丽却发现，很多同事就算是工作再忙，也会主动找机会与上司聊天、喝茶。这让玛丽很不理解，但是她仍旧笃定自己的看法，对同事们的一些"拍马屁"行为很是不屑，平时除了工作的事情外，从来没有深入地与上司沟通和交流过。

　　随着工作的不断深入，玛丽觉得自己和上司越来越疏远。有时候上司向她交代工作的时候，差点把她的名字叫错了，而且在平时开会的时候，上司从来没有表扬过她。每年评选优秀工作者从没有过她，更别说升职了。看到那些平时工作能力不如她的人都上升得比她高，玛丽也十分痛苦，她不明白自己平时工作那么卖力，上司怎么却看不到呢？

玛丽有时候感觉自己已经成为公司里可有可无的人了，也几乎丧失了工作激情，每天的心情都极度失落，总是焦虑异常，尤其到晚上，整晚睡不着觉，总是担心自己会被上司列入裁员名单之中。

玛丽的焦虑源于理想与现实之间的落差，她只想着只要努力工作便可以达成升职加薪的愿望，但是她付出努力后，与上司之间的关系越来越远，那么升职加薪的愿望便落空，同时这种焦虑中还有对自己不确定性未来的担忧。因此，对于玛丽来说，要减轻自己的焦虑情绪，首先要做的，就是能够察觉到自己的焦虑，然后想办法寻找焦虑的根由。

近代德国诗人歌德在其长诗《浮士德》中，有一段极为形象地描述了焦虑感：

每天早上醒来，我都觉得惶恐，人体的生理反应是不需要意识的参与的，就好像天热了我们就会出汗来散热，寒冷的时候身体就会通过颤抖来产生热情。但生理反应不能满足我们的一切需要，当人体的自主系统所不能满足的需要被意识到时，就成为人们的欲望和各种行为动机。这时，我们会知道冷了需要穿衣服，热了需要开空调。如果这种有意识的行为还不能达到满足需要的目标时，焦虑感便产生了。

歌德的话形象地描述了焦虑产生的心理原因。生活中，多数的负面情绪都源于生理与心理的失衡，人们以各种方式去修复它。有的是克服障碍，改善自身能力和条件；有的选择降低欲望，或采取合理化解释，给自己一个台阶下。有的则能通过接纳和拥抱焦虑，与自我达成和解。如果你无法做到这些，难以恢复心理的平衡和宁静，消极情绪包括焦虑等积累和强化到一定程度，就会产生心理失常、精神性的病症等心理问题，甚至还会导致各种自毁行为。所以，在现实生活中，我们要正确地认识焦虑，通过自我觉醒的方式明白它产生的主要心理原因，从而为化解焦虑奠定基础。

焦虑型依赖症：缺爱者的内心挣扎

"爸爸与妈妈离婚后，再也没来看过我，所以，自小我就在单亲家庭中长大，长期和妈妈生活在一起，我不觉得自己缺什么……可是恋爱后，我却总是与男朋友闹矛盾，他说我简直太黏人了。每次打电话过去如果他不接，我就会陷入慌乱之中，不停地担忧他是不是出车祸了，他是不是和其他女孩在一起不方便接我电话！为了不让自己过于担心，我曾要求男友主动向我报告他的行踪，这激怒了他，果断地跟我分了手……如今的我，真的痛不欲生！"

"我生下来就不受父母的待见，因为他们有严重的重男轻女思想……从小我就渴望着早点儿离开家。大学毕业后，我就结了婚。老公比我大好多岁，事业有成，婚后他就对我说，你不用工作，我来养你，我想都没想便答应了！……可接下来的日子让我彻底陷入了空虚、恐慌与无助之中，我每天早上送老公上班，下午早早到他公司楼下接他，他如果晚上加班，我就在他公司楼下等他，时间一久，这让老公感到厌烦，说我太过黏人……"

以上都是焦虑型依恋者的陈述。这些人都有一些共同的特点，即在亲密关系中极度渴望依赖别人和被依恋的感觉，极度渴望亲密和陪伴，要求与爱人随时保持联系，甚至要求对方频繁报备行踪。有时候，他们会以不回信息、电话等方式，故意引对方产生忌妒心理，或者是威胁要分手，以此来获得对方的关注；一旦对方未能满足自我愿望，或者是感受到对方对自己关注不够时，便会感到伤心、难过、愤怒和焦虑；会为了维持彼此间的联系，而放弃自身的需要，以讨好伴侣；极为害怕被抛弃，独自一人时会觉得不自在，受到一点冷落，就会产生被抛弃的失望感和焦虑感；就像创伤的强迫性重复一样，焦虑型依恋者很容易被回避型人格所吸引。他们在与回避型人格的人交往时，对方的若即若离感，让自己产生的那种焦虑和不安的感觉，和小时候从原生家庭父母对自己若即若离的感觉极为相似，这种熟悉感，既让他们无法抗拒地被吸引，又让他们感到极为痛苦。

通过焦虑型依恋者的陈述可以看出，他们在亲密关系中有以上的表现，与原生家庭的缺爱有关。从心理学的角度出发，在原生家庭中，一些父母或者养育者，无法持久地满足孩子的需求。在孩子3岁之前的阶段，多数父母很容易会认为，怎样对待孩子都可以，反正他们记不住。在孩子哭闹时，他们有时候反应及时，有时候反应迟钝，一会儿去哄，一会儿便不予理会。这种对待孩子的方法很容易导致孩子出现严重的心理问题，因为在孩子眼里，父母对自我需求的反应是不稳定、不可预期的，这就会让孩子陷入困惑和不安中，他们不知道该期待会被如何对待。所以，诸多孩子在感到悲伤和愤怒的同时，选择的解决办法就是黏住大人，这就形成了焦虑型依恋的儿童在与父母互动时的应对策略。这种影响会一直延续到他们成年，尤其会对他们未来的亲密关系产生重要影响。比如，他们从伴侣身上感受到的不是爱和信任，而是一种"情感饥渴"，他们总是希望对方能够拯救自己，或使他们变得更"完整"。尽管他们极度渴望与人亲密，却总是怀疑和恐惧对方并不想达到同等的亲密。

另外，焦虑依恋型人格的人，因为童年时期未能获得父母对自己所期待的关注和照顾，长期处于被忽略或被抛弃的恐惧之中，这种恐惧被称为原生情绪。在一些情况下，这些人会为了保护自己免受原生情绪的困扰，可能会产生所谓的次生情绪来进行自我保护。有的人会愤怒地抗议和抗拒他人，有的人则会产生焦虑情绪，向父母发出既依赖又抗拒的信号，以此来确保对方的持续关注。还有的人会表现出冷漠无情的一面，让对方感到"我不需要你"，并以此来保护自己。这些次生情绪，会让伴侣感到你占有欲强，爱管闲事或觉得你对人缺乏信任、爱拒人于千里之外。由于伴侣根本不明白你内在的心理动机，所以很难用有效的方式给予回应，而只会回应你表现出来的次生情绪。所以，拥有焦虑依恋型人格的人，在洞悉到自己内在的心理动机后，就要懂得及时与伴侣进行沟通和交流，告诉他（她）你内心的真实想法，以免矛盾重重。

　　凌薇和男友相处有两年了，当初她为了男友放弃了在老家考公务员的机会，因为她担心距离会将他们分开。

　　两年来，凌薇觉得自己已经对男友林枫付出了百分之百，却觉得男友对自己越来越冷漠了。每天下午只要一下班，她便会第一时间到林枫单位门口等着，两人一同回到家中，凌薇还会主动下厨做他最喜欢吃的饭菜，星期天则会承担所有的家务。但这些付出丝毫不能打动对方，凌薇觉得男友离自己越来越远了。于是，她经常会冲男友发脾气，表现出明显异常的焦虑感。

　　对此，林枫也很委屈，经常对朋友这样抱怨："我们不在一起的时候，想起她为我做的一切，确实让人很是感动。但是只要我们在一起，我就觉得特别烦她，总是唠叨个没完，在她面前我丝毫没有自己的空间。周末我很想和同事一起出去打打球、爬爬山，但是她非拉着我去逛商场；晚上下班回家，我只想去和几个好哥们儿喝点酒，可是她非要跟着我，一会儿不让我做这，一会儿也不让我动那，真是太让人压抑了！"

　　凌薇的闺密劝她要懂得给对方一点空间，这样才能让他对你死心踏地，但是凌薇总觉得自己并没有做错什么，她觉得自己那样做，无非是想给对方多一点的爱。

　　就这样，几个月后，林枫终于向她提出了分手，理由是：你给的爱确实太沉重了，令人无法呼吸，我实在是承受不起。面对如此沉重的打击，凌薇哭得很伤心，苦苦央求林枫不要离开她，最终，还骂林枫太忘恩负义，自己付出那么多，却不懂得感恩……

　　凌薇是典型的焦虑型依恋人格，她整天黏着男友，实际上是为了追求一种稳定的安全感。她时常用愤怒和焦虑来掩饰被人抛弃的恐惧感，也常以此情绪来表达内心对于安全感和被关注的诉求。按照正常的心理发展，如果凌薇在原生家庭中获得了父母足够多的爱，那么她在与男友相处的过程中，就会去寻找"自我"精神的独立，会在恋爱中充分享受愉悦和幸福的同时，专注于自我人格的完善和心灵的成长，而不会通过黏住男友去获得安全感。这个时候，如果凌薇能洞悉到自己属于典型的焦虑型依恋人格，并能清醒地知晓造成这种个性的根本原因，与男友及时沟通和交流，让他了解自己的成长经历是如何影响到自己的，包括具体有哪些重要事情塑造了自己当下关系里的习惯和行为。以及自己在做哪些事的时候，是自己的愤怒、焦虑或疏离情绪在作祟，同时让对方知道当你做这些事的时候，真的是内在真实情感被抛弃的恐惧，而不是对对方的嫌弃、不信任或者攻击。

同时，凌薇也可以与男友分享当前他回应自己的方式，会让自己有哪些感受和想法，尤其是情绪上的反应是怎样的。当他们去共同面对时，就不会出现以上的悲剧了。那么，除此之外，焦虑型依恋人格的人还有哪些方法，可以去治愈自我或让自己避免在亲密关系中遭遇痛苦呢？

其一，与内在缺爱的小孩进行对话，并去安抚他。

具有焦虑型依恋人格的人，其根本原因在于缺乏爱，小时候自己的需求没被满足。所以，要从根本上治愈自我，就要学着与内在那个缺爱的、可怜的小孩产生意识联结，并与他进行对话，用话语去安抚他。

其二，通过小的行动慢慢去尝试和改进。

要对自我人格、情感模式和行为的自我控制，最重要的前提就是自我认知的反思。当你清楚地了解自己的问题，并知道是如何形成，会有哪些习惯性的反应等，才能够有针对性地进行改变。比如，你可以学着将一张纸一分为二，在左侧列举一些容易触发你焦虑型依恋的场景，这些场景里有你的情绪、想法和行为，然后在你右侧列举理想状况下你认为最好的、最能够安抚你的被弃恐惧，也最有利于关系的结果。然后，你可以问自己：左边的部分，右边的自己，是否真的可以联系起来呢？比如左边写的是男朋友信息不回复，你便怀疑他和其他的女孩在一起，于是你打电话过去抱怨和争吵。这样的行为，可以让你的伴侣先了解到你的担忧，能够促使他自愿给予你安抚和积极的回应吗？愤怒和焦虑，往往可以在当下为自己争得更多的注意力，但是从长远来说，这种强迫性的索取，并不利于双方形成亲近和敏感的回应模式，而是会让一切亲密行为看上去都像完成任务一般。

同时，在你打电话过去，对方不接，你会显得异常焦虑和愤恨，这个时候，你可以暂时让自己停下来，试着去给他发短信告诉对方你的焦虑感又产生了，希望对方知道，而对方如果真的爱你的话，会则一改之前对你的敷衍态度，鼓励你勇敢地直面焦虑，给予你情感上的理解和支持。这样的新的互动模式，会为你带来新的体验和情绪反应，慢慢地，你就会对他产生信赖感，从而让自己的焦虑一点点地减少。

多数的焦虑源于：欲望超出了你的能力

生活中多数人的焦虑源于欲望，尤其是当你的欲望超出了你的个人能力时。有句话说，人之所以痛苦，不是因为拥有的太少，而是因为想要的太多。生活中，我们多数人的焦虑，多是因内心太多的欲望而滋生出来的。

刘晓是位都市白领，高学历，高收入，而且人也长得极漂亮。每天上班都有不同风格的打扮，每天时髦得体的她，总能赢来许多羡慕的目光和称赞。在一片赞扬声中，她的欲望则是越发地膨胀起来了，为了更能引人注目，为了讲究品位，她不惜花大价钱去购买各种名牌和时尚单品，买名贵的珠宝和高档的箱包……这些都严重地超出了她的收入，同时也让她负债累累，每天都活在焦虑之中。焦虑中的她总会莫名地为自己不确定的未来担忧，为自己身上的债务而焦躁不安，她似乎已经被欲望牵着走了。她对自己的未来充满了担忧和愁苦，担心自己被裁员，被同事看不起……

现实生活中，我们内心的焦虑很多源于内在的欲望，尤其是那种"求而不得"或"得而怕失"的欲望会让我们陷入一系列不安的情绪与行动中，它会让我们意识到诸多不愉快的事情：不合预期的事情将要发生或可能会发生，进而会警告我们最好采取一些必要的行动。比如，像上述事例中的刘晓一样，她因为太在意别人对她的看法而过度地消耗自己的收入，进而对不可预知的未来充满了担忧，引发了焦虑。于是，接下来她可能要拼命地工作，才能维持其原来的精致生活。所以，当一个人产生焦虑的情绪时，多数是因为预感到了一种潜在的危机，这种危机感会促使我们做出多种选择，比如逃避、向潜在的保护者寻求帮助，等等。但是，如果你没有产生担忧、警惕、焦虑、紧张、谨慎、警觉或者惊慌失措等情绪，你也许不会采取任何行动。可能，你会察觉到潜在的危险，但你会对此无动于衷。

比如，你认为自己有失业的危险，而你又极力想保住这份工作，你通常会感到担忧或者焦虑，你也许会采取以下一种或多种行为：为保住工作而跟你的上司沟通；更加努力地工作或者及早通过学习、培训去提升自己；去找另一份工作等。

所以说，焦虑源于我们对某些事物的欲望，源于当你意识到自己可能会失去它，或者不希望发生一些可能发生的事情。因此，如果你完全没有任何的期望、欲望或者希望，那么无论发生什么事情，你都不会太关心，也不会产生焦虑感。

在现实中，每个人都有对爱情、财富、成功、权力等有强烈的欲望，当这些欲望和恐惧被大量地释放时，很容易让我们濒临崩溃，此时，大脑所发出的信号属于神经性焦虑。生活中，我们时常会莫名地感到焦虑，但是你却找不到焦虑的源头，甚至根本不知道自己在焦虑什么。所以，在你焦虑时，一定要先搞清楚自己焦虑的内在原因是什么，然后再采取有效的办法进行疏解。关于因欲望而产生的焦虑，我们该如何做呢？

我们每个人可能都有这样的体验：在我们童年时期，因为无所欲求，所以会倍感轻松和快乐。成年以后，因为内心的欲望太多，为了填满它，每天都在不停地忙碌着拾捡，认为自己捡到的都是好东西，殊不知捡起来的都是无尽的烦恼和痛苦。渐渐地，我们心中承受的东西越来越多，想拥有钱财、美色、饮食，想拥有权力、名望……凡是触及我们生活的东西，我们都想拥有，而当这些欲望一一得到满足时，我们的内心就会变得异常的沉重，心中塞满了烦恼，焦虑的情绪自然就来了。所以，我们说，欲望是焦虑之根源，只有及时消减内心的欲望，降低内心的奢求，你才会快乐许多，焦虑自然也就消失了。对此，你可以尝试以下的方法：

1. 从内心着手，将欲望和要求别人的标准降低，不要用自己的标准去衡量他人，同时也不要用自己内心的磅秤去秤别人。

2. 杜绝攀比心理。攀比是导致我们内心焦虑的最大原因之一，所以不要轻易与人比较，尤其是拿自己"没有的"与别人所拥有的去比。如果非要去比，就多拿自己的"长处"与他人的"短处"去比，如此一来，内心便会平衡许多，焦虑自然就消失了。

3. 焦虑时，请提醒自己：真正的幸福并非是"我能得到什么"，而是"我现在拥有什么"。一切寄托在外在物质上面的快乐都只是短暂的，因为任何东西都只是你生活的"搭配"。幸福，是内心生长出的力量，那是一件只与自己有关的事。

依上面三点去做，你内心的焦虑情绪就会得到缓解。当然了，我们说欲望是痛苦之源，并不是说要让人完全彻底地"禁欲"。要知道，欲望也是人类前进的动力，如果彻底"禁欲"就是阻碍人类发展。而是说，我们要把握和控制好自身的欲望，使欲望既合理存在，又能够减少我们心中的痛苦，即不应把生活目标定得太高，要适度。同时，在实现目标过程中，也不要侵犯到多数人的利益，这样才能让自己愉快前行。

"完美主义"是滋生焦虑的"温床"

一部分人经常陷入焦虑，是因为过于追求完美而导致的。这样的人，事事都按照自己认定的标准去行事。在他们心中，每一件事情都应该是完美无缺的，所以他们往往会把全部的精力放在事物上，但其实他要做的未必都是有用的事。另外，这样的人很多时候也有极为强烈的占有欲和控制欲。

过于追求完美的人，在某些事情未做完时，便会产生强烈的急躁情绪与焦虑，觉得浑身不对劲，所以无论在怎样的情况下，都非要达到完美的状态，稍微遇到一点阻力，就会感到紧张万分。他们倘若跟别人一起做事，别人不按他的标准去执行的话，便会觉得如坐针毡，焦虑万分。

提及刘梅，某家广告公司的高层领导都会竖起大拇指，觉得她是公司最认真负责的中层。可在员工眼中，她却是个最难搞定的领导。

原来，刘梅是个典型的完美主义者，不仅对自己要求严格，对下属的要求也极为苛刻。每次当下属低眉顺眼地将策划方案递给她的时候，她总是会皱眉头，说不太完美，需要重新修改。当下属问及到底欠缺在哪儿时，她总会说："我也不知道到底哪儿不好，但总体看上去就是有不完美的地方。"接下来，就让下属不停地做，直到让她满意为止。

刘梅事事都爱挑错，让很多与她合作的同事都很闹心，一个方案要付出很多心血，每天走进办公室就像上了发条的闹钟一样不停地工作，以便多设计出几套方案，让她从中挑出最满意的。尽管这样，刘梅还是不满意，这让下属经常忧心的同时，也让她经常陷入莫名的焦虑之中。

对于下属来说，每当拿着厚厚的设计方案从刘梅办公室走出时，心情就会异常失落，上司的挑剔就像一把尖刀，总是会将他们精心雕琢的东西刺穿。对于刘梅来说，下属总不能做出让她满意的方案，心情也会变得异常急躁，脾气也变得极差，经常莫名地对旁边的人发脾气。这时，她的人缘更差了，周围的同事几乎没人与她随意说话的。这也让她感到苦恼极了。

心理学家指出，完美主义是一把"双刃剑"，有利也有弊，一方面它是使人不断向上的动力；另一方面这种对完美的追求也是一个沉重的包袱，让人心情沉重的同时，性格也会变得异常急躁。因事事追求完美而常陷入焦虑状态的人，往往非常富有责任感而规规矩矩，他们做事时常会一丝不苟，却也常会因为某些事情太过执着而感到不开心。比如，当他们外出游山玩水时，却总会因为牵挂着家里的事而无法享受到户外生活的乐趣；在学校读书时赶到了放长假，会因惦记着自己的学业而无法使自己放松下来，甚至被称为只会念书的"书呆子"。

心理学家指出"完美主义"只是一个看起来很美，实则非常危险的词汇。它会使人在前进的过程中，变得刻薄、急躁、偏执，甚至有些神经质。也正如伏尔泰所形容的那样："完美是美好的死敌。它能在不知不觉中让人将自己的身体累垮，让生活失去原有的色彩，变得不再美好。"的确，通常一个完美主义者，在观念上认为自己是一个极为优秀的人，于是，任何事物在他们眼中就像一个"人生目标"那样，在完成的过程中，都应该轻车熟路，一步到位，而事实却相反，其越是追求成效，越是会碰壁，历经坎坷。于是，在对自我失望后，便很容易滋生焦虑的情绪。

赵宇盯着电脑上不断闪烁的光标，感到无比茫然，上司要求他和小李在一周之内拟写出一份营销企划书，公司要开会讨论营销策划方案，自接到任务起已经过去整整四天了，他一页文字都没有写。他认为这份营销企划对他的职业发展有重大影响，因此必须出彩，如果不能让领导眼前一亮，那么自己的工作能力就不能被肯定。

在做数据分析时，赵宇心想绝不能向同事小李那样做什么事都粗心大意，每次做报告都能被发现漏洞。他一定要把自己的企划书打磨得毫无瑕疵，让最挑剔的人也挑不出任何毛病。越是这样想，工作进行得越发艰难，赵宇对自己拟写的文字一点也不满意，修改了无数次后也没达到理想预期。于是，他开始急躁和焦虑起来，在不断重复修改自己文案时，心里还莫名地开始愤怒起来了，嘴里不停地咒骂上司，埋怨公司不懂得体谅自己的辛苦……

将事情做到无可挑剔的完美地步，也是完美主义者一贯奉行的工作信条，但是在具体完成的过程中，则会出现各种各样的差错，进而会在急躁中怀疑自己的能力，再而开始滋生埋怨、愤怒等不良情绪。

生活中，很多个性急躁者都对"完美"二字怀有深深的敬意和恐惧，他们每次接到任务，都在担心自己会出纰漏，生怕自己的表现不够完美，为了舒缓情绪，把焦虑或恐惧降低，便会通过拖延来回避自己不想面对的现实，进而进入"再焦虑，再逃避"的恶性情绪循环模式。所以说，很多时候完美主义是滋生急躁情绪的"温床"。

不可否认，多数获得较高成就的人都不会让自己陷入不良型的"完美主义"情绪中。体育竞技中的冠军、成功的企业家和荣获过诺贝尔奖项的科学巨子，都能认识到自身能力的局限性，允许自己不完美，能客观地看待自己犯下的错误，他们从不在急躁中浪费精力，而是致力于自我完善。所以，在生活中当你因为追求太过完美而产生"焦虑"情绪时，就要力求让自己冷静下来，着重于"自我完善"，而不是在毫无意义的焦虑中耗费精力。

你的焦虑在于懒，但又无法懒得心安理得

枚姑娘是我之前的一位同事，我们俩也算是同一时间进入单位的，那时候的我们都刚毕业不久，意气风发，都很拼命地工作，想在单位出人头地。但由于她不久后结了婚，随后便辞职了。后来听说她自结婚后，就在家闲着了，再没出去工作，自此很长一段时间都没有她的任何消息。

有一次，她突然给我发信息，说自己无聊得快长霉了，想找个人聊聊天。我问她的近况，她说自己自结婚后再也没有上过班，整天在家无所事事，反正有老公上班养着自己，日子还算过得去，但就是太无聊了。我惊愕问道："记得你刚毕业时，是多有理想的人啊！现在怎么心安理得地过这样的生活了呢？"她说："嗨，我也不甘心啊，有时候觉得自己这样过日子也挺没意思的，所以也想学点东西，重新融入社会。但是，又觉得起点低，读的又不是名牌大学，就算再努力，也做不出什么成就来！再说，我也是个女孩子，迟早要嫁人、生子的……"对她的变化，我有些吃惊，因为以我之前对她一心求上进的印象，是断然不会说这样的话的。

接下来的几天，她不断地向我倾吐她内心的焦虑和苦闷："日子真是太无聊了，本来计划看看书，想学点专业新媒体方面的知识，但把书买回来之后，扔那儿一个月了连一页都没看下去；本想着和之前的朋友或同事见个面，却迟迟不想出门，整天宅在家里无所事事，心里焦虑极了……"

我建议她去找份工作，先让自己忙起来，然后再去有针对性地给自己

充充电，就不会那么焦虑了。可她却说自己早已经与社会脱节了，许多工作已经极难胜任了。找一个一般性的工作，赚得又太少，每天还得来回奔波……听到她的各种借口，我也不好再说什么了，而她依旧在各种无聊中焦虑……

现实生活中，很多人的焦虑不安实际上源于懒，但又无法懒得心安理得。就像枚姑娘一样，她对自身价值有追求，不甘心过那种坐吃等死的日子。于是，她会有间歇性的踌躇满志。但又持续性地坐吃等死，既无法忍受目前的状态，又没有能力改变周围的一切，于是焦虑自然就产生了。

现实中很多人都有类似的感受：在周末或者节假日里，自己明明什么都没做，做的事无非就是吃、睡，即吃饱了睡，睡足了吃，晚上熬夜追剧看小说，中午睡到自然醒随便下楼吃点东西，下午再睡个回笼觉。一天的生活简直是优哉快活似神仙，却会觉得比平时上班还要累。这种"累"不是源于体力上的，而是源于内心的挫败感，那和无所事事后产生的焦虑感。当下社会，竞争异常激烈，你可以选择在家懒得动弹，可以过优哉游哉无压力的生活，但那种生活会带给你空虚、无聊和挫败感，而你焦虑的根源就源于此。

上周末接到一个同事的电话，他不久前离开北京回到了老家，到了本地的一家国企上班。他开口对我说的第一句话就是：太烦、太累了，过得比在北京还焦虑。

我问他："为啥呢？你在北京的时候不是天天抱怨那种起早贪黑上班挤地铁下班挤民房的生活。现在如愿以偿，回到了老家，生活既舒适又安逸，又进了国企，为啥还会焦虑呢？"他想了想说，其实我也不清楚。现在生活的确很轻松，每天朝九晚五，按部就班。但是却觉得自己一眼看到了人生的尽头，焦虑感不时地在夜里蔓延来……

很多时候，我们的焦虑和累，是因为内在的不安心，是对太过轻松的生活产生了负罪感甚至罪恶感。这位同事因为身体与精神上的劳累，放弃了在繁华大都市中获得一席之地的可能。但是回到相对安逸的家乡后，又无法接受这种巨大的落差感，也必然无法从容而理性地面对当下的一切，于是焦虑自然就会袭来。

作家木心有一句话，"生命是时时刻刻不知如何是好"，可谓是极为精准地描述了多数人滋生焦虑的一大根源：想懒，但又无法懒得心安理得。一如热锅上的蚂蚁，奔忙、寻找、焦灼，并非因为现实困境，而是因为在每个具体问题下的心灵困境——我该如何存在？

面对这种焦虑感，我们要做的就是懂得选择：要么全力以赴地去努力，要么心安理得地接受一无所有。

多数焦虑是你的想象力"炮制"出来的

在现实中，我们时常还会被一种焦虑所困扰，即"道德焦虑"。这种焦虑是指一个人在做错事，或者自己认为自己做错事情时，其内心就会产生内疚、羞愧以及自卑感。而这种焦虑主要来自对自身良心的惩罚的恐惧。比如，我们会因为在上司面前说错话而忧虑不止；你对自己曾经做过的错事而羞愧难当；对自己内心的一些不道德的想法而焦躁不已等，都属于道德焦虑。这种焦虑，都是个人的个性太过敏感或者太过追求完美，完全由想象力"炮制"出来的。

露西在上海某机关单位做人事工作，这份工作待遇十分好，来得也不容易，因此她入职后就十分珍惜，想好好地在岗位上大干一番。但是，对于自己能否真正做好这份工作，她心里没有底。

但是，在与领导的一次谈话中，她得知自己其实是被领导重视的为数不多的员工之一。自那之后，她感觉自己的责任也更大了。所以，在工作中，她一方面认认真真、兢兢业业，另一方面则是提心吊胆、惴惴不安，总怕出错。因为她的这种小心谨慎，所以工作上从未出现过差错。同时，她的这种做法，也给自己带来了极为严重的心理负担，每天时不时地会感到焦虑不已。尤其是在向领导汇报工作时，在听到领导给她提工作建议时，她就会战战兢兢，觉得心都要跳到嗓子眼儿了。若是领导稍微看她一眼，她就会担心自己是不是哪里出了差错。刚开始，她也只是见领导时会紧张，后来在见到同事时，也会觉得紧张和焦虑。别人说一点什么，或者皱一下眉头，她便会紧张得不得了，有时两条腿甚至会禁不住打战，心里总想着自己的表现是不是不够完美。正是她的这种敏感性，使她经常处于极度的焦虑之中，夜里失眠也是常有的事情，头发脱落得比之前更为严重了。

每到周一早上去上班的时候，她的心里都极度痛苦，不想去上班。渐渐地，她对工作也失去了兴趣，不知如何是好。她自己也清楚，如此这样下去，她迟早是会被辞退的。与其等着被辞退，不如自己主动辞职算了。但这工作带给她的收入又不菲，她又舍不得丢掉。在无奈之中，她走进了心理咨询室。

心理医生在与露西交谈中了解到，她自小就是一个特别乖巧、懂事的孩子，父母对她也没操过心。从小学、中学一直到大学，成绩都很好，人生也很顺利，几乎没遇到过什么挫折。但是，露西对自己的评价却是这样的：第一，总觉得自己的能力不够；第二，总害怕自己出错，担心自己做不好事情；第三，特别害怕被别人批评。

露西的焦虑就是典型的道德焦虑，她焦虑的原因多半是自己酝酿出来的，而不是客观环境带来的。心理学上有这样一种说法，如果一棵树早年的时候被砍掉了一根树梢，那几年后被砍的地方就会留下一个瘢痕，长出一个疙瘩来，而这个地方的木质纹理就会变得更密实和结实。砍掉一个树杈可以使树变得更为粗壮。人的经历也是如此，如果一个人小时候受过一些挫折，如父母的批评、学习的打击及其他一些不如意的经历等，那么他的抗挫折能力就强一些。而那些一直很顺利的人，一旦遇到挫折就会不知所措。因为没有挫折经验，他们就会害怕出错和失败，会特别地在乎自己的面子，不相信自己能够战胜困难，稍稍遇到阻力就会过分地紧张和谨慎，结果让自己陷入焦虑的情绪中。而多数道德焦虑型的人，都有类似的心理经历。他们因为人生过得太过顺畅，或者对事与物过分地追求完美，所以很容易陷入自责、内疚或羞愧等负面情绪之中。

当然，要消除道德性焦虑，关键要从自身的心理入手，你可以尝试以下几种方法：

1. 用笔将你内心的想法写出来，然后再仔细地分清楚你焦虑的深层次原因是什么。比如，上述故事中的露西，她的焦虑主要源于猜疑和担忧，而这些猜疑和担忧很多时候并不会真的发生。所以，她如果能将这些写出来，再以现实的角度去认清问题本质，那内心的焦虑感就会减轻。

2. 做"最坏"的打算，学会放松。过于紧张的人总是担心会有什么样的事情发生，总是会不断提醒自己处处要小心，步步要谨慎。其实，这样只会影响自己的心情与工作效率。所以，在做事情的时候你可以将自己所担心的事情列出来，然后对自己说："没什么大不了，即便有些不完美，天也不会塌下来，自己的这些担心都是多余的……"这样来安慰自己就能缓解紧张的情绪了。

另外，在自己担心、紧张的时候，你可以在自己的手上套一个橡皮筋，轻弹自己的手臂，对自己说："没什么可紧张的，豁出去了！"这样去做，紧张的情绪就会得到缓解了。

3. 将"担心"变成"行动"。如果你特别害怕自己会出错，那么你就应该想一想如何才能避免出错。你可以拿张纸，把自己应该做的事情都一一列出来，然后就按照上面的内容去做，既可转移自己的注意力，也不会那么担心了。

4. 定期运动使人放松。运动，尤其是户外运动，如爬山、打球、跑步等，能让一个人的神经变得不那么敏感。因为运动半小时后，身体会出汗，体内会产生放松激素和快乐激素，缓解紧张的情绪。

同时，肌肉在紧张的时候，大脑也可以得到休息，在工作时能够集中注意力，不会过于紧张。所以，如果每天上班前能进行 30 分钟的有氧运动，便可以有效地缓解紧张的情绪，调节敏感的性格。

总之，你要记住，烦恼和压力都是自己心里生出来的，你说有，它就存在，你说没有，它便会消失，只要你心中认定它不存在，那么，它们就不会再来烦你了。

人的负面情绪，多源于心灵的空虚

"空虚、寂寞、孤独"等负面情绪也是让人产生焦虑的根源之一。可以想象，当一个人的心灵处于"空虚"的状态，无事可做，无理想可以追求，最容易没事找事，那么，焦虑不安的状态就会如影随形。所以，要清除由空虚带来的焦虑，最有效的方法就是让自己有事可做。要知道，当一个人专注于某一行动时，内心的坏情绪也被随之驱散。

"打工皇帝"唐骏说："没有钱、没有经验、没有社会关系，这些都不可怕，最为可怕的是没有梦想，没有思路！"没有梦想的人是空虚的，灵魂是空洞的，精神也会是压抑的。可是，生活中，多数人都认为，清闲、安逸是一种福气，殊不知，它带给人的是一种碌碌无为，会让你的生命失去价值，让生活失去色彩。

巴兹·奥尔德林是人类太空领域中的英雄人物，在早期，巴兹·奥尔德林有着不错的人生，他毕业于名校，在极受人尊敬的地方工作。可是，在他成功登陆月球后不久便精神崩溃、焦虑异常。他的亲朋好友都对他突如其来的糟糕情绪极为不解，因为奥尔德林在登月后，其无论是从感情、家庭或者工作方面都是春风得意的。

几年后，奥尔德林在自己撰写的一本书上回答了周围人对他遭遇的种种疑问。奥尔德林这样写道："导致我精神崩溃的原因很简单，因为我忘了自己在登月之后，自己以后该做些什么！自己如何才能继续生活下去。"

也就是说，奥尔德林在登月之后，完成人生的这个愿望后，他的心灵陷入了极度的空虚中，他没有新的人生目标。所以，他一回到地球，便无法找到一个属于自己的生活方向，最终使自己的精神处于崩溃的边缘。

极度空虚和寂寞的心灵，是产生焦虑的"温床"。所以，一个人最可怕的行为，就是丧失了理想，没有了进取心，一味只想着去追求感观的享乐，让心灵处于一种空虚的状态中。这样只会让你越来越堕落，不会珍惜你所得到的东西，也不会对周围的事物心存感激，更不容易获得满足感，如此一来，自然会被各种坏情绪所缠绕。相反，如果一个人的生活是充实的，那么，他就很容易收获快乐，珍惜自己所拥有的，对周围的事物心存感激。因此，无论你是腰缠万贯的富豪，还是一贫如洗的穷人，永远要记住，只有树立自己的理想，规划自己的人生，让自己"有事可做，有梦可追"，才能真正地让生命充实，才能切实地体会到生活赋予你的精彩。

在一次远行的高铁上发现一个现象：无论男女老少，都在玩手机。有的在玩游戏，有的在刷娱乐性的短视频，他们一个个都是边玩边笑，还时不时地拿给旁边的人，逗得对方哈哈大笑。旅途无聊，找点娱乐来打发时间也无可厚非，但这也让我想起了表弟。表弟今年刚毕业，特别喜欢玩手机，刷娱乐性的视频，只要一有时间就刷，上班的时候偷偷刷，下班的时候躺在床上刷，聚会的时候也是边喝酒边刷……有人问他，怎么那么喜欢玩手机。他说，生活压力太大了，只有手机能让人开心。沉溺于手机娱乐视频后，表弟确实是快乐了，总能看见他咧个嘴傻笑，但他最近也把工作给"刷"没了。

因为上班时间悄悄玩手机，被老板逮了个正着，就直接把他给裁了。结果表弟不但没将手机瘾戒掉，反而玩得更厉害了，有好几次都是刷通宵。女朋友劝他也不听，还数落对方不够理解他，说自己只是缓解压力罢了，女友最终还是跟他分了手……就这样，表弟用手机"刷"掉了工作，"刷"走了女友。

近来，他很沮丧地来找我，向我倾诉他内心的郁闷，说道："这段时间，过得真是痛苦！"我笑笑说："看你整天拿着手机刷得挺嗨呀！"他却苦笑着说："那种短暂的快乐真的可以麻醉人的神经，看似当时很高兴，可过后当你关掉手机走入现实中时，却感到无比的孤寂、无助、焦虑和痛苦……你知道吗，我现在已经变成了我曾经最鄙视的那种人，距离刚毕业时那个朝气蓬勃的少年越来越远……我的生活变成了简单的两点一线，自己在虚假的满足感中丧失了向上的动力。"

我们可以在经济上贫困，但绝对不能让自己在精神上打折。当一个人精神空虚时，就很容易沉溺于短暂的"垃圾快乐"中无法自拔，他们就会不愿意再费劲地提升自己，从而让自己陷入无限的焦虑和恐慌之中。这里所谓的"垃圾快乐"，即指那些可以获得短暂快感，却对人的长期发展毫无益处的东西。它的最可怕之处，就是通过让你获得短暂快乐的同时，在不知不觉中偷走你的时间，消磨你的意志力，摧毁你向上的动力，更可怕的是消耗掉你对生活的热望和激情。

所以，当你因为内心的空虚而焦虑时，就赶紧找点有意思或自己热爱的事情，让自己忙碌起来，让自己在奋斗与创造中感受生命的真精彩，当然，这也是驱除内心焦虑的不二法则。

万般"苛求"，是给自己套上枷锁

生活中，还有一种焦虑，是"苛求"出来的：苛求一个不适自己的工作，苛求一段写满了"伤疤"的感情，苛求一段并不真诚的友谊，苛求自己做一件并不情愿的事情……雨果说："苛求等于断送。"过分苛求，就是给生命套上枷锁，让自己变得烦躁不安。

已经是凌晨2点钟了，陈莉房间的灯还在亮着，她正坐在书房中拼命地攻读英语，神色有些憔悴。其实，这种状态已经持续三个月了，这段时间里，她的脑子中总是重复着：学习、考试。之所以如此地紧张、勤奋，主要是因为她的成人英语资格证书考了四次都没有通过，这个月要考第五次了。

其实，陈莉是一家国企的中层管理人员，平时工作较为出色，是企业的重点培养对象，很有可能在不久的将来会升职。本来，她的工作用不到英语，但因为大学时她的英语资格证书没有考过，一直很不甘心。于是，毕业后就与英语叫上了板，不考过决不罢休。

陈莉从小就受到极好的教育，做事也极为认真，责任心很强。但她从小到大却总是惧怕考试。平时学习挺好，一到考试就落后，尽管她惧怕考试，但她还是不想让自己的人生留下什么遗憾。在每一次临考前的夜里，她总会胡思乱想，而且想着想着就睡不着了，结果，第二天考试就考砸了。几年下来，她仍然没能如愿拿到那个资格证书。如今，为了这个考试，她每晚都强迫自己去认真学习，由于太过紧张和焦虑，她几乎每晚都会失眠，脾气也变得急躁了许多，这已经十分严重地影响了她白天的工作，整个人都变得异常痛苦。

陈莉的痛苦主要源于她太过固执，过分去苛求不必要的东西。其实，对于她来说，英语资格证书既然在她的工作中用不到，就没有必要那样去苦苦地折磨自己。

现实生活中像陈莉这样的人有很多，他们总是为了一些无关紧要的理由去强迫自己达到某一目标，过分地苛求自己努力做到最好。在工作中，他们崇尚完美主义，不轻易去相信别人，事无巨细，大事小事总是一人包揽；他们甚至不敢公开表达自己的消极情绪，长时间的压力与压抑让他们产生了极为消极的心理反应。其实，如果仔细静下心来想想，又何必呢？我们不能做到最好，完全可以放松心态甘心做到很好；不能拥有伟大，完全可以静守平庸，用轻松的人生规则主宰自己的快乐又有何不可呢？

许多人在工作中，经常会立一些不切实际的愿望："我一定要在一年内升职、加薪"，"我一定要在某个领域之中做出最大的成就，成为某方面的专家"……但是很多时候，这些不切实际的理想与追求只会成为我们的一种负担，会羁绊我们实现那些切合实际的理想。

你要明白，人生苦短，韶华易逝，执着于一个目标、一个信念那是大勇，但是如果目标不合适，或者客观条件不允许，与其蹉跎岁月，徒劳无功，还不如干脆放下。放下那宏大的美丽的理想，选择那些触手可及的目标，让人生处于一种详和与自然的状态中，从中去体味生命的真谛。另外，你可以尝试用下面的方法来平衡自己的情绪：

1. 告诫自己：能够站在塔尖上的毕竟是世界上的少数人，只要根据自己的能力，坚守自己的梦想，抱着一种顺其自然的心态去追求，只要为此付出努力了，就能够问心无愧，就能够知足，这样才能让自己感受到追求梦想过程的快乐与幸福。

2. 千万不要给自己制订什么硬指标，比如每月一定要给自己制定完成梦想的具体额度，几年之内要达到什么位置，一生要留下多少财富，等等。你可以根据自身的实际情况，给自己一个合理的评估，然后制订一个弹性且科学的目标，再去逐步实施，这样你就会在过程中收获喜悦和快乐。

告别社交焦虑，提升自我认知

日常生活中，还有一种常见的焦虑就是因社交而引发的焦虑，即与麻烦人和麻烦事打交道，很容易置自己于混乱的状态中。因为不合预期的人际关系而产生的焦虑感，我们称之为"社交焦虑"。

社交焦虑者只要是在陌生人面前或者任何社交场合之下，都会出现恐惧与焦虑的心理，具体表现为害怕自己的行为和语言引起别人的嘲笑和难堪，严重者甚至会把自己整天关在屋里，害怕与任何人打交道，已经不能进行正常的购物、独自处理事情等行为。有的社交焦虑症患者，会在人际交往中感到惶恐不安，会出现脸红、出汗、心跳加快、说话结巴与手足无措等现象。这样的人，害怕与人群接触，在公众场合会感到窘迫不安，也可能会出现颤抖、发声怯懦、心跳加速、气喘等生理症状。

从心理学的角度分析，有社交焦虑的人，经常对自己、对他人都有不良的认知。害羞的人倾向于自责，给自己贴上标签，认为自己有问题。

一次，李华给朋友打电话说，自己这几天都不敢见人了，真是太丢人了。原来，前几天在公司组织的一次心理沙龙活动中，他觉得自己发言表现很糟糕。但实际上，其他同事对李华的发言并没有什么负面的评价，虽然没觉得很精彩，但也没什么不妥的地方，只是几天来他自己一直有强烈的羞耻感而已。

这种自我标签化的社交焦虑在日常生活中极为常见。就像李华一样，他总觉得别人在社交中是大方得体，只有自己是拘谨紧张的，表现不佳的。其实，进入陌生的社交情景，大多数人或多或少都会感到紧张和害怕。但实际上，你的表现真的没有你想象的那么差。

"自我标签化"是一种认知层面的自我概念的扭曲。害羞和社交焦虑的人有两种明显的特质。一种是强烈的"公众自我觉知"，即非常关注自己给他人留下的印象；另一种是敏锐的"内在自我觉知"，敏锐地关注自己的想法和感受。有这种特质的人，常常会因为太过在乎外界的评价而产生恐惧、羞耻、愤怒等负面或消极的情绪，同时在这种消极的情绪下，内在自我觉知会让他们倾向于自我批评，从而产生消极、负向观念，以及表现出扭曲、不理性的思维方式，从而表现出扭曲的自我概念。所以，对于有社交焦虑的人来说，最重要的是改变自己的认知方式，从而使自己摆脱焦虑的状态。

张旭是刚出校门的毕业生，他各方面都很优秀，就是害怕与人接触。与周围的同学在一起，张旭时常会感到害羞、不知所措。他害怕跟一大群人在一起吃饭唱歌。他平时自己很会唱的一些歌，到了一些场合下，结结巴巴一句也唱不出来。自从大学时和同学的几次聚会后，张旭再也不愿意出去了，宁愿宅在家里上网聊天。

这天，他来到一家招聘公司面试，准备充分的他胸有成竹，当面试官叫到他名字的时候，他走进去，里面坐了十多位公司高层管理人员，他一下子感到恐惧，非常紧张，主考官叫他进行自我介绍，他只是结结巴巴地说出了自己的名字，脑袋里一片空白，根本不知道自己在干吗。虽然其中一位管理者使劲为张旭打气，但他还是说不出一句话来，像个做错事的孩子一样低着头。结果可想而知，他没有被录用。

事后，张旭觉得羞愧万分，第二天就请假没上班。他把自己关在屋子里开始胡思乱想："一边不停地自责自己没用；一边满脑子都是面试官嘲笑的声音。他甚至还把那位经理温和的笑容想象成邪恶的笑容，没错，一定是他故意让我当众出丑的。"想到这里，张旭就感到愤怒不已，为这件事他焦虑了好久。从此之后，他更不敢参加集体活动了，包括自己大家庭的聚会，他也很排斥，对周围的人充满了敌意，觉得每个人都在讥笑他胆小，他很想逃，逃到一个没有人的世界中……

张旭从刚开始的社交焦虑彻底变成了社交恐惧症。然而，逃避了一时，不可能逃避一辈子。他把自己与世界隔离起来，只会加重其社会恐惧的症状，应该及时进行适当的就诊与治疗。但是，据相关人员统计，每10人中就会有1人被社交焦虑所困扰，而主动去就诊者却寥寥无几。这样不及时寻求帮助只会丧失社会功能或出现严重的人际关系障碍，从而诱发诸如抑郁症等精神性疾病。为此，当生活中，我们发现自己有社交焦虑的症状时，一定别刻意去压抑或独自一个人关起门来默默承受。而是该积极地寻求诱发焦虑的原因，进行自我反省或者运用适当的方式发泄出来。具体有以下四点建议让我们远离社交焦虑症，走出社交焦虑的困局。

1. 改变自身的行为

害羞和社交焦虑者，在社交情境中往往有两种表现行为：有些人很退缩压抑，拒绝与他人交流，在团体中沉默不语；还有一些人则完全相反，他们表现得极为活跃，总喜欢用滔滔不绝来掩饰内在的焦虑，或者不自觉地讨好别人。这样的人，需要通过大量的亲身实践和训练，在两者间找到一个合理的平衡位置。

2. 学会寻求适当的方式宣泄焦虑

害羞和社交焦虑者害怕社交情境，常常会出现脸红、出汗、颤抖、心率过快等不良的症状。这是因为他们认为所有的人都看到自己的不正常，自己的笨拙已昭之天下。其实，这是一种夸大行为。所以，在这个时候，我们要找到一种方式去宣泄这种焦虑感。比如我们可以通过自我疏导，自我调节来进行排解。首先不要逃避和掩饰，要敢于正视，才能更好地找到消除焦虑的办法。当然如果觉得焦虑现象已经严重到不能自我控制，就需要寻求别人帮助或进行治疗。

3. 改变自己不良的思维方式

对备受害羞和社交焦虑症困扰的人来说，他们的思维方式是极具破坏性的。他们需要调整对自我和对他人的不良认知，以及不够客观的自我评价，这是克服社交焦虑的一个重点和难点。

4. 观察学习

留心去观察你身边的人在交际方面坦然和勇于表达自我的人，以他们为榜样，在他们身上找信息，学习他们的行为风格。通过学习一段时间，就会慢慢找回一些自信。

5. 摒弃完美主义

在社交活动中，那些完美主义者总觉得自己做得不够好，所以会一直尝试付出更多的努力，来赢得别人和接纳自己。他们总是因为自己的缺点和失败贬低、批评和嫌弃自己，并且常常为此感到焦虑不安。所以，因为完美主义而有社交焦虑的人，应该接纳自己的缺点和优点，相信人无完人，人人都会犯错，错误是生活的一部分，不要为了让大家喜欢而力求做事完美。同时，要懂得重建自尊，关心自己的内心需求，懂得自爱，认为自己是值得被爱和被接纳的。这样，你的焦虑感便会逐渐地消失。

6. 努力去克服自卑，接纳自我

自卑情结往往是导致社交焦虑的一个重要原因，这种情结根植于潜意识。拥有这种自卑情结的人往往无视个体的差异性与特殊性，过分地追求完美，要求自己无所不能而苛求自己，无法接受自己的缺点和错误，害怕在社交中表现不好而产生恐惧心理。因此，只有消除自卑心理，承认个体的独特性和差异性，接纳不完美的自己，才能在社交中更好地表现自己。

你的焦虑可能源于不够自律

生活中，还有一种焦虑，产生的根源在于对潜在失控的恐惧，我们越是感到焦虑，生活也就越糟糕和凌乱。现实中你是否有过这样真实的体验：对美好的未来充满了憧憬，于是制订了读书计划，想通过学习让自身增值。在开始执行计划的第一天，心里是很想看书，但是还没过两分钟就坚持不下来了，马上拿起手机开始看视频，看新闻，打游戏，有时可以从下班开始一直抱着手机玩到午夜；第二天，便开始后悔昨天没能按之前设定的计划学习，但工作和生活还得继续。接下来的几天就开始不停地重复头一天的路数，包括周末时间也过得极为颓废。周末两天不出门，一个人抱着手机躺在床上看电影，看动漫，打游戏，刷视频，反正除了吃饭时停一停，其余时间都在与手机为伴，事后便觉得自己过得浑浑噩噩的，对未来充满了迷茫，接下来开始陷入无止境的焦虑之中……；每天看着自己浑身的肥肉和堪忧的健康体检表，你下狠心开始减肥。于是，你制订了严格的营养餐和运动计划，可是在执行计划的第一天，你就被朋友叫去聚餐吃饭，看到满桌子的油腻食物，你禁不住告诉自己：就吃这最后一餐，从明天再开始执行减肥计划……就这样，你总是给自己的大吃大喝找各种理由，运动计划更是一次也没能执行。一个月后，你的体重又飙升了好多……于是，你开始为自己日趋严峻的健康问题担忧不已，陷入无尽的焦虑之中……这种焦虑皆源于自律不够。心理学研究表明，因为缺乏自律性和自控力，很容易使一个人丧失对事物或未来的掌控，从而使我们陷入旋涡式地焦虑。旋涡式焦虑，顾名思义，好似航海的帆船遇到旋涡，只能无力地看着船靠近深渊。所以，对抗这种焦虑，我们要做的就是有足够的自律性。

柳清最近向朋友哭诉，说自己陷入了无尽的焦虑之中。他说，他现在对生活有种无力感，时常觉得自己不求上进，他也想改变，却又没有毅力去践行自己的计划，改变自己。做什么事都是三分钟热度，想要健身，但是没跑几天，就放弃了；想要早睡，还没两天又开始熬夜；想要阅读，买书翻了几页后，就搁置了；想过自律的生活，却怎么也自律不起来。时常憎恶自己的不争气，坚持最多的事情就是"坚持不下去"，终日混迹于社交网络，脸色蜡黄地对着手机和电脑的冷光屏，可以说上几句话的人寥寥无几。总是以最普通人的身份埋没于人群中，却过着最最煎熬和焦虑的日子。

柳清短短的几行字，却描绘出多数人的生活轨迹。因为不自律，让我们对生活感到无力感和不确定性。不确定性又会让我们丧失安全感，失去安全感自然又会引发无力感和焦虑感。所以，我们可以总结为："一切困难的形成都是当事人能力和自律力的不足。"那么，问题又来了，我们该如何让不自律的自己过上自律式的生活呢?

1. 找一个自律的榜样带着你一起努力

俗话说,跟什么样的人在一起,就会变成什么样的人。同样的道理,跟自律的人在一起,我们也会不自觉地被他们极度的自律所感染,然后就会不自觉地跟着他们一起行动起来。所以,当你决心去做一件事情的时候,不妨去找一个极度自律的人带着你一起做。这个自律的人将成为你前进路上的鞭子,监督你和鞭策你,慢慢地,你的自律力就会得到提升。

2. 为自己制定一个有效的自我监督的方法

如果你不够自律,那你最好找一种能监督自己自律的方法。比如,你可以找到一个组织,哪怕是线上的打卡小组,跟着他们养成自律的习惯。如果你不想进入一个组织,你可以利用一些手机 App 的打卡功能,有很多软件采用的都是打卡式的奖励模式,只要你每天坚持完成打卡任务,系统就会给你一定的奖励。

小刘要通过阅读提升自己的认知水平,为了督促自己能将阅读坚持下去,他找到了家附近的一家阅读馆。那家阅读馆采用办卡读书的模式,并且规划,读者只要能坚持一个月到阅读馆读书,那么便可以免费送给该阅读者一本最喜欢的书。在阅读馆这样的激励措施下,小刘将阅读坚持了下来。很多时候,他为了获得那一本自己最喜爱的图书,雷打不动地将阅读坚持了一年多。

所以,给自己找到一个坚持下去的动力,便可以养成自律的习惯。

3. 每天给自己定一个小目标

要养成自律,我们不逼自己去坚持一个月、半年、一年,我们每天告诉自己,只坚持这一天就行。每天早上醒来,你只要告诉自己把今天的任务做了就可以,管他明天还是一个月还是半年后,那都不是今天要做的事。日复一日,当你回首的时候,你会发现,那过去一天一天串联起来的,就是曾经我们所憧憬的明天。

有一种焦虑源于太过"急功近利"

在现实生活中，还有一种焦虑源于太过"急功近利"，比如我们要下定决心学习一项技能，坚持几天后因为看不到效果，就显得极为烦躁；看一本书，还没翻几页，就再无耐心，接下来就会产生懊悔，为白白浪费掉的时光和不上进的自己而焦虑；在一个单位刚干没多久，就开始盘算着升职加薪的事，一段时间见努力没有成效，或者见那些自觉得不如自己的人都被提拔，心里便滋生出诸多不平衡，焦虑也就来了……这样的焦虑源于太过"急功近利"，总是急于想见到成效，刚一付出就想得到回报，还未付诸行动就先谈条件，如果有违个人意愿，便陷入巨大的焦虑中……

上个月，刘茗参加了一个同学会，这种聚会，他本不想去，但经不住几个同学三番五次地打电话催促。这些同学对他表现出如此大的热情，无非是冲着他上市公司领导的名头。在学校里刘茗并不是学习成绩最好的，但毕业后事业却做得最大。相反，他的那些成绩好的同学，有不错的专业技能，成绩也极好，但十年过去，他们的发展却没有预期的那样好。这是为什么呢？因为他的那些同学毕业后，太过急功近利，只盯着眼前的那一丁点儿好处。有的同学加入银行的IT部，只是为了尽快地解决大城市的户口问题，还有的人选择目前的工作，是为了拿到分房的补助。他的其中一位同学，一毕业就将目标定为在市五环内买一套"小三居"，为此他将自己的大部分精力都花在这上面，拼命地省吃俭用攒首付，为此还做了几份与专业毫无关联的兼职工作，搞得自己经常焦虑不堪。另外，他还经常为能否早一点落实户口而担忧不已。在最该努力钻研工作的几年时间里，他的眼界已经被这些目标局限住了，然后变得畏首畏尾，不愿意冒风险。这些都在间接地影响着他的个人职业发展，也影响了他的精神状态。

而这几年时间，刘茗则是把自己的时间和精力全部用在了学习上，但他学习的目的并不是为了赚钱，而是专注于个人技能的提升，他学习如何阅读、如何了解自己、如何与人沟通、如何安排时间、如何正确地看待别人的意见、如何激励自己、如何写作、如何坚持锻炼身体，还有如何保持耐心。经过几年的努力，他如今已经是一家上市公司的合伙人之一了。

现实中，你是否也在人生的选择上，过于急切地想成为一个"牛人"，最后反而给自己带来了无尽的焦虑感呢？

马云说："急功近利是毁掉个人事业最具破坏力的因素之一，它让人永远沉沦在拚搏的痛苦或焦虑之中，无法享受过程。让人不知满足，无法享受成果；让人患上近视症，只顾眼前利益，这样的人事业永远做不大。"的确，从事业的角度考虑，"急功近利"从根本上限制了人们的视野，一个目标低下的人是不会有大成就的。

从心理学的角度分析，急功近利实际上是一种极不自信的行为。作家急功近利则写不出好的作品，艺术家急功近利则忽视了艺术和功底，运动员急功近利则会有违规行为。急功近利让人过早地戴上"近视镜"，只看到眼前一点利益，而将未来的发展道路给堵死。这样你仅一时得到，最终的所得却少得可怜。期望越大，失望也便越大。过度失望，让你觉得活得焦虑，毫无幸福可言。如果你因为急功近利而深陷焦虑，那么，你就要懂得学会延迟满足感。延迟满足感实际上是一个心理学术语，在 20 世纪 60 年代，斯坦福大学的心理学教授沃尔特·米歇尔做了一个实验，就是著名的"棉花糖实验"，实验中，小孩子可以选择马上获得一个棉花糖，还可以选择等待一段时间，那么他就得到两个棉花糖。

实验发现，能为更多奖励而坚持忍耐更长时间的孩子，通常具有更好的人生表现，如更好的托福成绩、认知能力、社会竞争力指数，等等。在现实中，延迟满足感就是指为了更有价值的长远结果，而放弃眼前的满足感，并且在等待的过程中展现出强大的自我控制能力。具体表现就是不要仅将个人局限在一个狭小的范围内，要懂得将眼光放得更为长远一些，让自己有更高的目标，更高的标准，也许你前两年发展得很慢，但是十年甚至二十年后再往前看，肯定会觉得有意义。如果你懂得延迟自我满足感，就不会为了眼前暂时的失利而忧心忡忡，更不会为了一点小利而与人斤斤计较，也不会因为一时得不到收获而焦虑难熬。

第一章

与其抵触和压制焦虑，
不如试着去接纳它

　　作家亦舒说："我们不快乐的原因，是不知如何安静地待在房间里心平气和地与自己相处。"生活中，很多人会觉得，自己之所以常处于焦虑中，是因为外在物质的太过匮乏所致。比如没有太多的存款，没有可观的收入，没有一个稳定的工作，没有爱自己的人，等等。但生活中，你也会发现，那些富有的人，那些事业有成的人，那些走进完美婚姻殿堂中的人，常常也会因为这样或那样的烦恼处于焦虑中。就像马云所说过的那样，怎么花钱也是一件让人焦虑的事。这话听起来让人有些匪夷所思，但有一点是毋庸置疑的，那就是焦虑面前，人人都是平等的。既然逃不掉，那我们就退而求其次，搞清楚一个问题：如何与焦虑和平共处，也就是说，如何带着焦虑好好地生活。本章正是从这一主题出发，教人如何换个角度去看待焦虑，同时如何与"焦虑"和平共处。

提升你的"自我觉察力"

要想更好地摆脱焦虑对我们心灵的折磨，首要的就是要培养自我情绪觉察力，具体是指在焦虑袭来时，你要及时觉察到自己的确是处于焦虑中，同时还要感知到它的产生和变化，主动去反思它究竟是如何产生的，这是与焦虑和解的重要前提。其实，在生活中，很多人之所以在焦虑的泥潭中越陷越深，就是对焦虑视而不见，一味地深陷其中痛苦不堪。

迈克是个头脑冷静、沉稳的人，是一家著名企业的销售高管，深受领导器重。最近，公司领导出于对他的信任，就将一个重要的技术项目委派给他，当然，这个项目如若成功，就能让公司在业内进一步打开知名度，从而获得更好的发展。这也让迈克顿觉有些压力。

接到任务后，迈克带领团队夜以继日地忙碌，但项目开展没多久，就因为一个下属的失误而遭遇到了困境，迈克难受极了，在做第一次业务报告时，他在伙伴面前出了丑。他显得极为慌乱，好几次说错了数据。他以为只是因为最近压力太大，没有睡好。但之后接二连三地向人发脾气，着实让他自己都感到惊讶。一向沉稳的他，回到家里开始对5岁的儿子失去了耐心，甚至还向他怒吼，这让妻子感到极为意外，这之前，他从未在孩子面前有过任何不悦的表情。第二天上班，他甚至找不到自己已经做好的文件。接下来，开始整晚整晚地睡不着觉，莫名地感到烦躁，感觉心里憋着火气，时不时就想发泄出来……他意识到情况不妙了，就去询问心理医生。医生告诉他，他并没有什么问题，只是精神压力太大，过于焦虑了。

"什么？焦虑？这怎么可能！"马克大吃一惊。他一向以冷静、沉稳著称，为人处事从来都是从容不迫，怎么可能焦虑？

事实上，生活中有许多人都有过迈克的经历，自己深陷焦虑却不自知，进而深受焦虑的折磨。如果迈克有自我觉察力，能及时地体察到自己正处于焦虑中，那可能就是另一番情景了。

爱丽丝晚上下班到家，看到调皮的儿子将家里搞得乱七八糟，玩具被扔得四处都是，书房里的书也被翻得凌乱不堪……看到这些，本来就心情不佳的她立即火冒三丈，她严厉地向孩子怒吼，并做出要打的架势来。天真的孩子被吓得不敢动弹，小脸憋得通红，想哭但又怕妈妈动手打他……看着孩子可怜的样子，爱丽丝立即察觉到自己的做法有些过激了。她意识到，孩子不听话，她完全可以耐心地教育他，而不是用这种方法来恐吓他……等她静下来，意识到自己的确是陷入了负面情绪的泥潭中，于是，她开始反思自己的行为。

爱丽丝意识到，自己的愤怒源于单位，确切地说源于她的上司。因为白天的一次工作失误，爱丽丝受到了部门领导的批评，这让她内心产生了愤怒，并且为了静下心来弥补工作失误，她一直压抑着这股愤怒，直到晚上回到家。儿子的行为一下子触动了她内在紧绷着的那根弦，愤怒便被宣泄了出来。同时，爱丽丝也深知，她之所以在单位对自己内在的愤怒隐忍不发，主要是上司相对于自己是强势的，而回到家能对着自己的儿子发泄，是因为儿子对于她而言是弱势的。体察到自己的情绪后，爱丽丝内心很快便平静了下来，她向儿子道歉并去拥抱他，以安抚他的情绪，儿子终于哭出了声。爱丽丝意识到这是儿子在发泄自己内心的委屈，于是抱着儿子让其情绪自由地流淌……从此之后，爱丽丝便不会随意对着自己的儿子乱发脾气。每次负面情绪袭来时，她都会静下心来仔细地体察这些负面情绪产生的根源，它是如何左右自己的行为的，并会采取有效的方法及时将它们疏泄出去。慢慢地，爱丽丝开始变得心平气和了，她的事业也取得了不错的进步！

懂得及时体察自我情绪，是有效地疏导负面情绪的前提，也是提升自我情商最为关键的一步。在生活中，及时体察自我情绪具体是指，时时询问自己：我当下的情绪是什么？尤其是当负面情绪袭来的时候，你要能及时意识到自己正处于负面情绪中，同时要去思索：这些情绪是如何产生的，我该采用怎样的方法将它有效地疏导出去，让自己获得平静。如此这样，你便能时时保持一个平和、安静的心境了。比如，当你因为朋友约会迟到而对他冷言冷语，那就不妨问问自己：我为什么会这么做？我该如何安置这些负面情绪？如果你察觉到你已经对朋友三番两次的迟到而感到生气，你就可以对自己的生气做更好的处理。

在生活中，我们可能也听到过别人这么说自己："真是莫名其妙！究竟是谁惹你了？"或者"今天这是怎么了，好像全世界都跟你有仇似的！"而你却觉得："我没有怎么样啊？我特别正常。"那就意味着，你还没能意识到自己情绪的变化，这就是不懂得体察自己的情绪。

当然了，情绪作为一种意识，有时候极为微妙，极不易被察觉。这就要求我们要时时地关注自己的心情，在心情感到"不舒服"的初期，就要去想办法排解或者舒缓，将不良情绪扼杀在萌芽状态。如果你刚开始还未意识到自己的情绪不好，但是在经别人提醒之后："你这几天是怎么了？一丁点儿的小事就发火。"这个时候你就要静下心来体察自己的情绪，问问自己："我这是怎么啦！""究竟是什么事情让我感到不舒服了？""我该如何排解这些负面情绪呢？"坚持这样去做，你就能随时将负面情绪扼杀在萌芽状态了。

总之，懂得及时体察自我情绪是转换负面情绪的第一步，连自己处于负面情绪中都不自知的人，难以安抚好自己的内心，更无法赢得他人的信赖。可以说，体察自我情绪，是爱自己的重要表现，是一个高情商者应具备的必要的能力，它也是掌控自我情绪的前提。因此，在现实生活中，你不妨这样去做：

1. 敏感地感受自己，细心地观察他人

要体察自我情绪，就要时时保持一颗敏锐的心，即当自己的心情有变化时，自己能够感知。比如，在自己心情不佳时，及时提醒自己："今天情绪处于低潮，要想办法去排解一下，找点其他事情去转移一下注意力！"或者"这几天做什么都觉得没意思，我究竟是怎么了？必须找出原因然后再改变这种状态！"

同时，也要学着与自身的情绪进行"对话"。在现实中，有些人对自我情绪体察能力不强，那就要通过观察他人的反应来体察自己的情绪，比如当你看到周围的人貌似对你没以前热情了，你就要反观自己："这几天是怎么了？连孩子也说我这几天说话口气不好，我还不自知，难道真的是这样？"通过感觉自己与观察他人来体察自己的情绪，也是一种较好的感知自我情绪的方法。

2. 找出情绪产生的根源

我们不仅要及时体察到自己不佳的情绪，更要知道产生这种情绪的根源是什么？是孩子不省心，还是工作不顺心，还是没休息好等，只有找到症因才能对症下药，才能让自己及时从负面情绪中走出来。

自我体察力，像是一个放大镜，甚至是显微镜，可以照出我们的内心是怎么发展变化的。那些生活中看起来极为简单的情绪问题，背后隐藏着诸多的问题，我们需要一步步地剥茧抽丝地找出问题的根源，才能真正地找出问题的核心，进而解决问题。可以说，学会体察自己的情绪，是情绪管理的第一步。

被焦虑操控，源于你对它的错误认知

在现实中，我们经常深陷焦虑无法自拔，被焦虑所操控，主要在于我们对疏解焦虑有着错误的认知。当我们深陷焦虑，我们意识中的第一个念头就是想如何摆脱它、压制它，不让它来影响我们的生活。实际上，这样做的结果只会让我们在焦虑中越陷越深。正如一位情绪疏解专家所说的那样：负面情绪会让我们付出巨大的代价，会消耗我们的生命，所以我们便会躲避或压制它，但同时也陷入了情绪的旋涡中，无法脱身，既而被情绪操控。

一位心理学家曾做过这样一个实验：

在教室中，他拿出一大幅上面画着红色苹果的图片，让6位学生对着浏览3分钟，然后，这位老师又将这幅画拿开。他让这些学生闭上眼睛，并且告诉他们在1分钟内别去想刚才看到的图。然而，1分钟过去了，这6

个人的头脑中几乎都曾多次蹦出那幅图。这位心理学家指出，刚才那幅图就似我们的负面情绪一样，有时候你越是不愿意想起，越是想忘掉，它反而越是会蹦出来，这是因为我们常在与自己的负面情绪做对抗，很多事情就是如此，你越是压抑，它就会变得越强越会反弹。

这个实验旨在告诉我们：要想不被焦虑、痛苦等负面情绪掌控，首先要做到的一点，就是不去压抑它。事实上，当你试着去接纳、包容，与它们和谐相处的时候，反而更容易从中解脱。当然，要想与情绪握手和解，首要的一点就是要正确地去认识它。

我们也知道，焦虑作为负面情绪的一种，它的存在对我们也是有积极意义的。美国神经科学家约瑟夫·杜来认为，焦虑和恐惧等情绪是由大脑中不同的两条通路运行的。一条通路与基本情绪相连接，他传递信号非常迅速，但是容易出错；另一条通路与认知系统相连接，它传递信号慢，能对你的情绪在特定环境中进行分析，从而结论更为准确。

人的两条情绪通路能并行运行互补有无时，一个人就能对外界的刺激做出及时准确地反应，从而成为特定环境里的佼佼者，而当某条通路出现问题时或者两条通路冲突严重时，人会出现严重的心理问题。比如充满忌妒，焦虑异常，脾气暴躁，行为极端，这种过分的反例让大家厌恶，但忌妒是有好处的，它可以提醒我们，我想要某些东西，我需要想办法得到它。或者让我们做出一些改变同我们爱的人加强感情。再比如当我们的生存受到威胁时会产生的焦虑，它会提示我们要对此做出积极的回应，以更好地保护自我。还有一些负面情绪，如若你用心去体会，它都会给我们一份推动力，推动我们去做出正确的判断和处理行动。这份推动力，既可以是赐予我们一分力量，又或是指引一个方向，有的更能两者兼备。比如当我们回忆过去做错的一件事情时，就会因为内疚产生反思，产生改正这种错误的勇气；当我们感到痛苦时，就会想办法避开这种感受；当我们有忧虑时，就会努力让自己做的更好一点；当我们恐惧时，就会寻求避开存在的危险或不去尝试；当我们悲伤时，就会从中取得智慧更加珍惜眼前所拥有的，这些我们可以称之为情绪经验。

正如美国作家、商界知名人士查尔斯·哈奈所说的那样，很多时候，忧伤是有意义的，所有的情绪都是有意义的，积极情绪就像是营养树，而消极情绪就像是汽车的保护系统，它们的存在都是帮助你成为更好的自己，使你的生命有更深的领悟。实际上，一个人是否拥有积极的心态，并非是没有消极情绪，更不是去消灭负面想法，而是要懂得给自己的负面情绪创造一个独处的空间，尽量让它不影响到整体的自己。比如当你感到焦虑时，你可以在脑中默默地想，忧伤又来了，就像老朋友一样地去对待它，慢慢地接受它，与它握手言和，让它安静地待在你给它创造的空间里，这样你才能真正地成为它的主人。久而久之，如果你总是这样去锻炼自己，你就可以完全掌控自己的情绪，成为它们的主人。

悄悄毁掉你的不是焦虑，而是去压制焦虑

焦虑是人的一种正常反应，很多人在陷入焦虑，或被焦虑情绪所"伤"后，会拼命地压制它们：在焦虑的时候假装很平静的样子，在感到烦闷时会将焦虑强制性地压下去，使焦虑难以找到一个合理的出口，使其不断地消耗自己内在的能量，毁掉自己有限的幸福感，日积月累成为收不回来的"坏账"，最终压垮我们的人生。

晓薇是一个刚入职不久的小姑娘，最近她失恋了。白天在办公室，她像个没事人一样，该安静时安静，该放松时就和其他同事照样嘻嘻哈哈爽快地开怀。但是，据一位同事说，在下班后，她一走出门便开始焦虑不堪，晚上更是整夜睡不着觉，看到同屋的室友后，又会继续装得跟没事人一样。

就是这样的"故作镇定"的状态，她硬生生地扛了一个月。上个月，她的精神彻底垮掉了，只好放大假回家调养身体。

社会学家将情绪分解成两个维度：你的真实心情如何，这叫情绪感受；你所表现出来的情绪是怎样的，这叫情绪表达。他们认为，"情绪表

达"和"情绪感受"的差别越大,你内在的消耗也就越大,就像晓薇一样,明明是痛苦万分的失恋,却硬是装作没心没肺,如此积累一个月的负面情绪让她彻底透支了。

现实中有些人一开始热情高涨,后来却慢慢地变冷淡了?也许不是他们的热情被消磨殆尽了,而是刚开始假装喜欢,后来觉得自己的内在被消耗得太多,致使他们"实在装不下去了!";有些人在一味地克制、压抑自己的情绪,致使自己的心灵蒙上了一层厚厚的"污垢",某一天像火山爆发一般,发出强大的威力,使我们在瞬间"灰飞烟灭"。

同事柳娜最近看起来异常疲惫,因为她的婚姻和生活都出现了许多问题。在同事眼中,她本来是个开朗、热情与和蔼的人,每当有人向她请教工作上的问题,她总是极有耐心地施予帮助。尤其是最近,尽管她内心压抑了太多不开心的事,但面对同事向她"抛"来的问题,心里纵使十分不情愿,也会答应下来。

她缺乏拒绝别人的力量和勇气,内心深处总在想如果拒绝别人,别人会怎么看自己。虽然她是朋友和同事眼中公认的"老好人",但在家中,尤其在孩子和老公面前,她却是个十分情绪化的人,常表现得焦虑不安。常常是前半段压制着怒火,好声好气地说,突然就没有预兆地爆发了,即使她知道这样不好,但根本就停不下来。

在这样的情况下,柳娜发现自己越来越不快乐,总是以委屈和压抑自己的情绪来讨好别人。她越来越不喜欢自己。

直到有一天孩子突然冲她大吼,你就知道对我凶,你对所有人都比对我好,你到底对他们是"假好"还是真心地讨厌我?在那一刻,柳娜突然怔住了,这时她才发现自己将内心压制的不良情绪都对准了她的家人。

所以艾克·哈特在他的《新世界,灵性的觉醒》里说:"地狱之路是好的意图铺就的。"在现实中,很多人都有柳娜一般类似的经历:为了在周围人中扮演好"老好人"的角色,不断地压抑自己内在的焦虑、痛苦等负面情绪,最终在自己最亲近的人面前去释放,伤害到他们。

每个人都会滋生焦虑、忧虑等负面情绪,但是它不会因为你的刻意压抑就会自行消失，它们一直都在。时间一久，它们会被你压抑到更深的地方，那些我们不想面对不想承认不愿接纳的部分，便构成了你人格的"阴影"。我们每时每刻都在不断地消耗我们的内部正能量，使我们变得阴郁而不快乐。

心理学家指出，那些被我们压抑的情绪并不会因为个人的意志力而消失，它会一直储存在我们的体内，直到遇到一个合适的出口而爆发出来，要么对外，在人际关系中呈现；要么对内，在身心健康上呈现。比如很多极为严重的疾病的产生，都与压抑的情绪有着极大的关系。所以，我们要明白，焦虑、烦躁等负面情绪要靠疏导，而不是靠个人的意志力去压制，因为它不会凭空消失，那些被你压制的情绪，最终会以另一种方式来伤害你，甚至毁掉你。正如作家张德芬所说，我们身上所积压的焦虑、忧愁、痛苦等负面情绪就是一种堵塞的能量，这种能量同样会使你迷失心智，失去理智，充满抱怨，看不到生活的阳光，甚至最终影响你的身体康健。为此，你觉得掌控情绪要靠"忍"，与人保持和谐要使你原则尽失，遇到不平之事，你觉得忍一忍就过去了，那这里要告诉你，掌控情绪重要的是要学会疏通，将不良情绪通过合理的方式疏通出去，一味地隐忍、压抑和排斥，最终会使你身心俱伤。

但凡被你接纳的"焦虑"，都会变得柔软

作家张德芬说过，很多时候，我们感觉不好，比如失恋、悲伤、焦虑、消沉，我们会一直想要从这个泥沼中挣扎着逃出来，并且不由自主地会产生与之对抗的情绪。这实际上是在否定、排斥和压抑，最终只会使人在负面情绪的泥潭里越陷越深。所以，我们要牢记，凡是你所抗拒的，都会持续。因为当你极力地抗拒某件事情或某种情绪时，你的全身心都会聚焦在那里，这样你就赋予了它们更多的能量，反而使它变得更为强大了。

心理学上认为，人的焦虑、悲伤、痛苦等负面情绪就如黑暗一般，要

驱散它，就要引进光亮。光出现了，黑暗自然就会消退，这是不变的定律。而喜悦则是消退负面情绪最好的光亮。当然，这里的喜悦并不等同于快乐，快乐是需要外在条件的，而喜悦则是心灵滋生出的一股正能量。"喜悦"的初步反应就是接纳，即接受你受负面情绪困扰的事实，然后发现它们存在的"珍贵"之处，再将它们变成自己人生中的一次"宝贵"体验。当你慢慢地体验到这个过程时，你就会发现，原本使你厌恶和抗拒的、那些坚硬无比的坏情绪，竟然也变得"柔软"起来了，可以滋养你的生命。

所以，当我们沉陷焦虑中时，要学着以包容的心态接纳它，而不是奋力地去抗拒它。

最近，刘露陷入了绝望和无尽的焦虑之中，原因是刚与她结婚不久的丈夫在一次意外中丧生了。刘露与丈夫有着深厚的感情基础，婚后的生活过得也很甜蜜。当她得知这个消息后，悲痛欲绝的她完全没办法让自己平静下来。尤其是到了晚上夜深人静的时候，总是会焦虑万分，她不知道自己今后的路该怎么走下去。

这种状态持续了有大半年，每当想起死去的丈夫，无论她做什么，心都是刺痛的。她想，要使自己摆脱痛苦和焦虑，唯一的办法就是让自己忙碌起来。她将所有的精力投入工作中，但是只要她一静下来，甚至只要走路停下来一会儿，那种哀伤就会袭上心来，令她无法招架。后来，刘露不再逃避，不再没事找事地瞎忙，当丧夫之痛袭来时，她让它涌上心头，看着悲痛一点点地走近自己，围绕自己，然后她也试着去拥抱它们，使痛苦渐渐地消退。一段时间后，她感到自己没有那么痛苦了，每当夜晚焦虑袭来时，她总能用这种方法让自己慢慢地平静下来。

最后，她终于战胜了自己，她已经可以不必再抗拒那种情绪，她明白最痛苦的那一刻已经过去了，她想过属于自己的生活。

"我可以再次体会人生的快乐，那些痛苦已不是现在的事了。它只是我人生的一部分，而我人生其他的道路，还可以继续走下去。"这是走出伤痛后，她所说的第一句话，她的坚强让所有的人肃然起敬。

面对负面情绪，越是逃避、抗拒，它对你造成的伤痛越强，而当你敞开胸怀去拥抱它，并一点点去感受它的时候，它就会渐渐地消退，最终成为永久的过去。

所以，在生活中，当焦虑袭来，如若一直采用逃避、不敢正视或对抗的态度对待它时，就会陷入更大的焦虑中。比如你最近工作不顺心，情绪沮丧，晚上失眠，心里总想着"让它过去，让它过去"，如此下去，人会变得更加焦虑，第二天心情也会变得更加沮丧。与其如此，不如学着去拥抱它，并且默默地对着心中的焦虑说：我看到你了，你是我生命中的一部分，我接受你，接纳你，我愿意给你更为广阔的空间，谢谢你，我爱你。当你这样说时，坏情绪就会像个调皮的娃娃，被看见理解和接纳，它便会变得柔软，进而慢慢地消失了。

对此，江潇就有这样的感受，她曾向朋友讲过她的一段经历：

"在做杂志编辑的那几年，因为工作需要，经常要外出采访。有一段时间我采访的对象是社会上的精英和创业成功的企业家。我担心采访的时候注意力不够集中，影响稿件制作和自身形象，所以，每次都会在头一天晚上很早地计划早睡，希望在第二天能够以最好的精神状态面对采访对象。可是，每次我都是以失败告终。或许是太想早睡，所以每当躺在床上的时候，总是忍不住想晚睡会让我第二天精神不佳，不停地期待能在11点之前睡着。可是，当我努力地想让自己睡着的时候，结果却是越睡不着。

尤其在当时焦虑的状态下，我每晚睡一分钟，我的担心就会增加一分。最后是越想越恼怒，直到晚上11点，彻底崩溃！第二天，在采访的时候经常会出现精神状态不佳、效率低下的情况，为此，我常被领导批评，被采访对象嫌不够专业。自尊心受到严重打击的我在地铁上暴哭，也正因为如此，我开始思考自己的睡眠问题。

直到一天晚上，我试着早睡，我想到以前经常月的祷告，一开始试着接纳自己，试着接纳因为第二天采访头一天晚上可能会失眠的事实，不再期待让自己11点之前睡着。于是我便放下失眠，接受自己每次面对越想睡觉越睡不着问题的无能为力。然后静下心来，对自己的'内在焦虑的小孩'说：'你是如此可爱，可是此时我是如此想睡觉，还是让我睡着吧!'于是，我的身心便慢慢地开始放松下来了，很快便睡着了。几乎每次遇到难以入睡的问题的时候，我都是用这种方法，屡试不爽! 接纳自己不容易入睡的问题，进而让自己在完全放松的情况下，自然地睡着。"

臣服和接纳意味着融合，使其与你的生命合一。从这个状态中所产生的行动是最有力量的，它可以改变你周遭的世界! 当一个人开始接纳的时候，内在的积极能量便会被唤醒，进而在其积极能量的引导下，你就会柔和地去对待你的"内在小孩"，然后，你的行为和所有的意识都会融为一体，人就会在完全放松的状态下，达到你想达到的状态。

所以，当你遭遇情绪问题时，千万不要试图去摆脱它，更不要去抗拒和否认，但凡被你抗拒、否认和摆脱的，你都无法控制。而是要试着去接纳，承认事、人或物原本的样子，不做任何否定的审判，接纳之后才能好好地控制它。

学会与"不确定性"共舞

现实生活中，焦虑的产生并不是因为外界具体的事物或情境，而是源自对未来不确定性的担忧，这种焦虑叫预期焦虑。比如我们会为自己的前途焦虑，为孩子的未来焦虑，为自身的安全担忧等。还可能是会因为对自己或某个情况失去控制而焦虑，或者因为面对挑战时发生的某件不好的事情而隐隐地感到焦虑……如果你所担忧的不确定性的"预期"是现实的，没有夸大也没有缩小，那么相应的焦虑程度也会在可以忍受的范围之内。从结果上来说，这样的焦虑使人处在更为警觉的状态，有利于激活和维持我们解决问题的能力。但是，当你的意识故意地夸大这种"不确定性"时，那焦虑感自然也就增强。比如，当一个人赋予高考以"高考决定人生"的意义时，焦虑感便会增强，影响到答题的能力，导致高考失利。如果你问焦虑的考生，你究竟在害怕什么时，他会说怕考砸了，这是他的内在恐惧。这种恐惧和焦虑，是因为他的意识为考试这件事赋予了太高的人生意义。如果此时的他，能放下心来，正确地认识和看待这是考试，了解到这场考试是人生的一部分，之后诸如此类的人生"考试"还有更多，拿出自己最好的实力来，便能够从容应对。

有位哲人说："人生最大的焦虑就是来自我们希望自己生活中的一切都是可预见的，确定的，我们需要所有的事情都能如我们所愿，一件一件地落实，一个一个的板上钉钉。甚至曾有一段时间，我希望自己的生活都是可以确定的，为此我也总是处于焦虑中。小时候焦虑自己以后找不到好的工作怎么办，工作了又焦虑什么时候可以过上自己想要的生活，什么时候可以升职加薪……可如果有人提前告诉我，我毕业后什么时间点可以找到好工作，准确地告诉我，具体什么时候可以过上自己想要的生活，什么时候可以升职加薪等，那么，我会感觉到，人生是多么地乏味和无趣，我就难以真正地体会到在追求自己一个个人生目标过程中的痛苦与快乐，难以感受到付出努力实现目标后的那种恒久的快乐与幸福。"的确如此，人生的各种"不确定性"在很多时候为我们带来了诸多的烦恼和担忧，但是，正是这些"不确定性"也给我们带来了恒久的快乐和幸福，让我们真正地品尝到了生活的多姿多彩，就像小时候特别期待的玩具，长大了希望拥有的车子、房子、家庭、孩子，在你真正拥有后，一切都确定了的时候，我们可能并没有预想中的那般快乐。所以，很多事情一旦确定，便失去了我们对生活乐趣的渴求，一切都将只是按部就班，我们也只是过分追求结果，而错失了充满不确定性的奇妙旅程。

另外，人生的诸多"不确定性"为我们带来的是生机、是渴望、是追求新生活的动力。老子说，"道法自然"，庄子说，"清静无为"，告诉我们不要试图让整个世界都变得规规矩矩，要学会与天地合一，顺其自然，与外界的各种不确定性共舞。

乔伊丝夫妇俩一直都渴望有个可爱的孩子，而且他们老早就给孩子起了名字——夏洛特。但是，他们这个心愿在 10 年后才得以实现。

夏洛特是他们的宝贝，乔伊丝夫妇想尽办法地去教导儿子，连他走路的方法都会清清楚楚地告诉他："我的好孩子，走路时一定要记得看着地上呀！防止滑倒。"为此，夏洛特从小就在父母的叮咛中成长。乖巧的夏洛特也相当遵从父母的教导，只要走路，必定会紧盯着脚下的路。

有一天，乔伊丝一家人高高兴兴地到山间郊游，爸爸就开始教导儿子说："在山路上行走时，还是一定要紧看着地上呀，否则，你有可能会不小心摔倒而掉到山谷中，知道吗？"

夏洛特听话地点了点头，说："我会的，爸爸！"

慢慢地，夏洛特长大了。有一天，他准备到海边游玩，妈妈则连声叮嘱道："儿子呀！当你走到沙滩上时，也一定要千万小心，双眼一定要盯着脚下，因为海浪随时会出现，以防它们将你卷入海里。"

不幸的是，乔伊丝夫妇后来在一次意外中离开了人世，离开了夏洛特。可怜的夏洛特因为从小就听惯了父母的引导与叮咛，如今也只能在父母过去的叮咛中，继续自己的生活。

夏洛特认真执行父母的叮嘱，在地板上，在山间，在海滩上，他眼睛都会紧盯脚下的路。从来不注意自己周围美丽的环境。他不知道流水声是从哪里来的，不知道浪潮声是从哪里来的。因为不论走到哪里，"听话"的夏洛特总是低着头不停地往前走。

夏洛特就这样从来没有跌倒过，也没有滑倒或碰伤过，几乎毫发无损地"低着头"走完了他的一生。

但是，在他临死之前，他仍旧不知道，天空原来是蓝色的，天上不仅有着美丽的云彩，还有极为耀眼迷人的星星。此外，他更不知道自己所走过去的每一个地方，日光有多么地美丽……

夏洛特的经历告诉我们，一个人如果被既定的确定性的"规矩"或者"条条框框"所束缚着，该是多么枯燥乏味。在人生的旅途中，不管是狂风暴雨，还是艳阳高照，都是可以成为生活中最为美丽的景致的，也都是值得我们好好地仔细去品味的。但是，如果你总是因为害怕会被不确定性的大雨淋湿，而不出门，害怕被不确定性的狂风吹倒，而将自己封闭起来，那么就难以享受到生活的真正乐趣。

我们的人生中，遇到什么人，经历过什么事，会有怎样的体验，都是因人而异的，正是因为有了这些诸多的"不确定性"，我们的人生才变得充满趣味和丰富多彩。所以，在生活中，当你为人生的各种"不确定性"而焦虑时，就让自己静下心来，去拥抱和接纳这些"不确定性"，与它们和谐相处，这是安抚内心焦虑的有效途径。

不了解自己的人，总是跟自己过不去

要与焦虑和解，首先第一步就是要了解自己，这里所说的了解自己，就是对自己的所思所感所为有着足够的觉察和理解。生活中，很多焦虑情绪的产生，都源于不够了解自己。不了解自己内在真正的需求、想法或欲望，总做出一些违背自我真实意愿的事情，从而使自己陷入纠结与焦虑的状态中。一般人可能会说，我很了解我自己呀，其实你说的"了解自己"，只是了解自己意识层面的想法、感受和行为。事实上，意识层面的了解只是关于"自我"的极小的一方面，而真正明白自己想要的是什么，想拥有什么样的生活或状态，然后依自己深层次的意念去做，而不是为了外界的种种压力或看法去委屈自己，最终再跟自己过不去。

玛丽本是个崇尚独立自由的女性，渴望活出属于自我的精彩。在未步入婚姻之前，她是个快乐且单纯的女孩，是一家知名企业的注册会计师，并且非常喜欢自己的工作。

可是在她28岁的时候，意外地遇到了杰瑞，那个让她为之疯狂的男人，很快，她坠入爱河，与杰瑞结婚、生子。杰瑞是一个画家，当时的他有一个独立的工作室，事业刚刚起步。玛丽为了支持丈夫，无奈之举辞去了工作，承担起了操持家务的责任。但是四年过去了，她的生活开始变得一团糟，丈夫的工作室因经营不善，濒临倒闭的边缘。因为生意上的不顺，丈夫开始酗酒，总是彻夜不归，同时对她也越发地冷淡，对她在经营工作室方面提出的意见或建议开始熟视无睹。同时，3岁半的儿子越来越不听从她的管教，总是与她唱反调。因为长期不与外界接触，玛丽身材臃肿、面色枯黄、蓬头垢面，每天时不时地会对着调皮的儿子和不听劝的老公大吼大叫，俨然一副"泼妇"样。

这时的玛丽突然意识到，这根本不是她想要的生活。这几年，她彻底失去了自我，总是替别人着想，总是千方百计让老公、儿子高兴，而让自己委曲求全。面对一团糟的生活，她时常感到焦虑、痛苦和压抑，甚至一度患上了焦虑症。

对于玛丽来说，她显然十分了解自己的价值观，那就是要做一个独立自主的女性。但是在婚后，她却为了老公和孩子放弃了自己内心真正的追求。她为了让杰瑞和孩子接纳自己，辞去了工作。可最终，当老公事业失败、孩子不听话、自己的外在形象也靓丽不再时，开始后悔自己当初的选择，便跟自己过不去，陷入焦虑的状态中。

其实，很多人之所以会因为这样或那样的事焦虑、痛苦和纠结，跟自己过不去，实际上都是遇到了与玛丽相似的经历。从心理层面去分析，玛丽肯放弃自我去全力照顾家庭，是因为其内心深处，总有一个声音在告诉她，如果不这么做，她将难以得到爱人杰瑞的认可与家庭的接纳，这是很深的无意识层面的意念，她无法看到这个意念的限制以及打破它的可能性。如果深察内心，她能够看到这个意念，觉得这个牢固的意念是可以被打破的，并且遵从内心的想法，即"即使我不回归家庭，在职场上发挥才能，老公和孩子也许会生活得更好。如果这么去做，老公和孩子会更喜欢自己"。那么，玛丽的生活就不会如现在一般糟糕，也不会如此焦虑。

一个人若缺乏必要的自我觉察力，便常常会成为自己痛苦的制造者而毫无所知。就像是一个被预先设定好程序的机器人一般，固定的按钮一旦被外界的人或者事所碰触，就会导致痛苦大爆发，陷入无尽的焦虑中。相反，一个人若有了自我察觉力，就等于拥有了一个空间，成为自我意识、理念、情绪的觉察者，成为一个容纳这些过程发生的安全空间。

自我觉察发生的同时，也就是自我接纳的开始。就像上述事例中的玛丽女士，当她觉察到自己内在对自己的忽视，而开始可以爱自己时，也就意味着她可以有一个内在空间给自己，一个人只有开始爱自己，照顾好自己，才会真正有能力去照顾别人，爱别人，否则，只能是自欺欺人而已，结果一定是痛苦的。水满则溢、爱满则流就是这个道理。

生活中，绝大多数人对待自己，都处于一种分裂状态，只欢迎和接受那个"好的自己"，不要那个不好的自己。如果你静下心来仔细分析，那个不好的自己，其实是因为被各种负面意念所禁锢了，比如"我是一个能力弱的人，什么都干不好；我长相不好，不配得到别人的爱；我是一个弱小者，我没办法去关心别人……"。当这些负面意识根植于无意识深处时，如果你无法察觉到"我究竟是谁，我是怎样的人"更深层次的问题，不去觉察你意识中的荒谬和虚假，那么，这些信念就会一直统治和占据着你的生命，让你拼命去追求一个更好的自己，用以抵亢所谓的坏的自己。于是，你的生命就会变成一场对抗战，极力要将那些坏的感受排斥掉、分裂掉或投射到别人的身上，成为了所谓奋斗和努力追求一个理想自我的全部动力。这一切需要足够的自我觉察。

有了很好的自我觉察力，就会很自然的放弃那些限制生命发展的种种不合理或负面的意识，从而不再把主要关注力放在一个"假我"的塑造上，而是能够将自己的创造力从自我压抑的状态下解放出来，让真正的自己活出来，从而获得真正的安全感和自信心，创造更为真实和美好的人生。

所谓"接纳自我"，就是懂得去"关照自己的内心"

我们说，化解焦虑的最好做法便是接纳。但是，所谓的接纳，并不是让你无休止地去容忍内在的焦虑，让其肆意泛滥，而是让你真正地安静下来去关注内心此时此刻正在发生的事情，并完全地敞开胸怀去承认它的存在，并能够让情绪以动态的方式在体内自由流淌。

当然，要做到这点的前提就是要有自我觉醒意识。如果没有"自我觉醒"，我们就会接纳焦虑以外的多余的东西，这就难以使内在的焦虑等负面情绪得以疏散。就像你投票选举一位我们知之甚少的候选人，容易产生不好的结果。同时，盲目地接纳负面情绪，还有可能使我们滑入情绪化的境地：用糖衣来掩饰现实，或者一味地压制情绪，进而真正地激化情绪，进而招致更多的焦虑或痛苦。

可能会有人问：什么叫"自我觉醒"？"自我觉醒"是一个意识层面的概念，一个人是否活得明白、活得清醒，最重要的就是要有"自我觉醒意识"，即你知道自己是谁，来自哪里，来做什么，有什么使命等，当你在想这些问题时，你的意识就是在觉醒。有自我觉醒意识的人，其最明显的一个表现就是对外界所对自己产生的影响或刺激都会经过一层过滤。比如，有人骂你，你会焦虑或愤怒，这是本能。而有自我觉醒意识的人，就会过滤掉这层本能，会开始思考相关的一系列问题，是什么让自己焦虑或愤怒，这值不值得焦虑或愤怒，这些负面情绪究竟是来自他人还是自己。搞清楚这些问题，他们就不会被外界的一切所干扰，总能保持无忧无虑的状态。

电影《银魂》中有这样一句经典的台词："有时候我们明明原谅了那个人，却无法真正地快乐起来。那是因为，你忘记了原谅自己。"而张墨的经历便很好地诠释了这句话。

张墨17岁那年，因为家庭的因素，致使自己非常叛逆，也经常自暴自弃。她跟当地的小混混厮混在一起，开始了她的初恋，她爱得很深，但是不久却换来的是男友的背叛。那段时间，家人也对张墨失去了信心，在焦虑和痛苦夹杂之下，万念俱灰的她在18岁那年离家出走，独自一人在社会中闯荡。尽管后来张墨回归家庭，打算开始好好生活，可是她却一直不快乐，她没有办法接纳自己的17岁，无法接纳那种耻辱感和伤痛。直到24岁那年，她遇到了她的第二任男友，那是个极为温和的男孩儿。他对她说："你想从那段不好的时光里走出来，一定会先学会原谅和接纳你自己。"也就是从男友那里，张墨学会了一件事：爱自己的力量无穷大，而爱自己最佳的表现方式便是接纳自己。

每一天，张墨都会静思冥想，不断地回忆那段时间自己所经历的一切，让自己重新去回味当时所受到的伤痛。正是在这冥想中，张墨每一次都能体味到自己曾受到的伤害和攻击开始变得缓和，好像尖牙锐角被切除了一般，她慢慢地拥抱它们……就这样，经过一段时间的"心灵疗愈"，张墨慢慢地从之前的伤痛中走出来。此时的她已经明白每个人的一生都要经历许多，一度的打击只会使自己重复过去，只有懂得谅解他人，才能使自己得以解脱。

所谓的接纳"焦虑"，并不是让你在焦虑中一味地退让，而是让你主动去了解它，深层次地体悟生活中哪些因素招致了我们的焦虑情绪，并用真心去包容这些负面情绪的存在，使你的内心世界变得温润。真正的"接纳"就是关照自己的内心。

当然了，通过去关照自己的内心，化解内在的情绪，也是有具体操作方法的，为此，你可以按照以下步骤去做：

找一个安静的地方，舒服地坐下，闭上双眼，去注意自己身体中是怎样的感觉。当身体中的感觉来来往往的时候，去跟随它们，不要去注意其中特定的一种。如果是让人愉悦的，就去感受它，并且让它自然地离去。如果是让人不快的，同样去感受它，并且任其离去。此时会不会感觉到你手中热量、座椅传来的压力感，还有前额的一点麻痒？去关注这些感觉，就像母亲注视着自己的新生宝宝一般，慢慢体味其中的感觉。然后再放轻松，慢慢地循环。在 5 分钟之后，可以轻轻地睁开眼睛，你便完成了一次心灵之旅。

摆脱"过度思虑"式的焦虑

生活中，我们经常听到诸如此类的焦虑："我真的很差劲，我比不上其他人，我配不上、也得不到自己想要的东西""我很恐惧，我害怕我考不上理想中的大学或找不到工作""我真的后悔，我痛苦于自己曾经浪费掉的生命、伤害别人和被人伤害的自己""我很无奈，很多事情我无力改变"……这些焦虑都是因为自己过度沉思而带来的，我们可能都有这样的感受：当我们陷入焦虑时，仿佛陷入了巨大的恐慌之中，于是便急于摆脱这种情绪。在这个时候，我们习惯做的事情便是，反复地去思考那些痛苦的情绪与诸多不理智的想法，试图说服自己不再焦虑。但实际上，这是一种摆脱焦虑的错误做法。过度地陷入沉思，只会更加巩固我们大脑中与焦虑相关的各种思维，进而让我们陷入恶性循环之中，越来越焦虑。从心理学的角度分析，执着于分析每一种情感、感觉与想法，会让我们在焦虑的泥潭中越陷越深。这是对个人情绪与想法的徒劳抗争，就像我们晚上因为执着于某种想法而睡不着的时候，你越是想摆脱它们，越是睡不着。实际上，当陷入焦虑时，你可以试着告诫自己："这些感觉是暂时的，我是个人，我有这样的情绪是正常的，是合情合理的""没关系，我完全接纳这种感受，我不着急挣脱，我可以尝试感受这种负面情绪，这是我人生的一部分，我知道它一会儿就自己消失了。"如果你以接纳的心态这样告诫自己，焦虑的情绪便会大大地缓解。

今年已经38岁的玛丽是位成功人士，她最享受和感兴趣的事情就是工作、赚钱。几十年的职业生涯，尽管让她赚到了不少钱，足够可以让她后半生过得富足而安逸了。但她却停不下来，因为一旦停下来，她的内心便会陷入极大的空虚中，焦虑也总是时不时地袭来。这种感觉让她感到痛苦，而为了逃避这种感觉，就一而再地让自己投入拼命工作的状态中，然后赚到更多的钱。当口袋里的钱不断地积累时，她便能获得一种安全感。

一次，玛丽因为工作上的失误而被公司停职，这让她陷入了巨大的自责、懊悔与焦虑中。尤其是到晚上，独自躺在床上时，她觉得自己入职多年，根本不该犯那样的错误，于是，便越想越煎熬，焦虑难耐……这种状态持续了几个月，整个人开始变得憔悴。为了摆脱这种焦虑状态，她走进了心理咨询室。

心理医生告诉她：“你每天晚上都与自己对抗，怎么能不焦虑呢！每个人遇到你这样的状态，都会焦虑，这是正常的一种情绪反应，你可以试着去接纳它，告诉自己，既然焦虑来了，那就去拥抱它，承认它存在的合理性……不必再为自己工作上的过失而自责和懊悔了，不必再去追究自己究竟做错了什么，也不要试图说服自己相信未来，而是问自己是不是舒服，是不是该出去走走或者晒晒太阳，或者吃点好吃的，听听音乐，去冥想、跑步……”按照心理医生的方法，玛丽的焦虑情绪得到了缓解。

摆脱焦虑的真正方法，在于能与它和谐相处，而不是一味地去排斥、压抑或否定它。与焦虑和谐相处的前提，是接纳它，充分地认识到焦虑是一种正常的情绪反应，切勿让自己陷入无穷无尽的忧思中，可以出去走走或晒晒太阳等，转换一下自己的注意力。很多时候，我们内在的情绪与身体是互相影响的，去做这些日常的事情，可以改变身体所处的状态，焦虑的情绪也会很快地散去，不必为其折磨。这并不是在故意逃避或排斥焦虑，而是用这种方式，让我们以一种全新的角度，去更好地抚慰内心的焦虑，安定情绪。

美国作家埃德蒙·伯恩说过，当我们去刻意压抑焦虑的时候，它不会在我们体内消失，恰恰相反，它反而会更为强烈。这可以通过一个实验来说明，如果我向你发出一个命令：请你闭上眼睛几秒钟，千万不要去想一个粉红色的大象。大家会有怎样的反应呢？我相信多数人的脑子里一直在想着粉红色的大象。当你过度地陷入一种思维中，并且这种深度思维让你感到焦虑难忍的时候，不如去接纳它，承认它的存在，并且学着慢慢地让自己从这种思维中走出来，从而使焦虑的情绪得以释放。

你焦虑的根源：无法接纳自己

生活中，还有一种常见的焦虑，即由无法接纳自己造成的。比如，一个人在童年时期所受到的创伤会引发内心的各种情绪冲突，这些情绪冲突会让我们感觉到精神处于撕裂状态，焦虑难耐，痛苦不堪。多数情况下，造成这种现象的主要原因在于他们无法接纳或者排斥"自我"不好的一面而造成的。比如，一位叫瑞恩的学生向朋友抱怨道："我觉得自己经常陷入痛苦的一个重要原因，就是自己明明不想学习，想玩，可内心总有一个声音在骂我不能这样堕落，于是我既不能好好地玩，也不能好好地去沉浸于学习。"还有一个刚上班不久的白领叫艾琳，她说道："我真的是自卑，觉得自己长得不好看，毫无工作经验，又没能力，情商又不高，每天上班就是一种煎熬。我该怎么办啊！"……从根本上讲，瑞恩苦恼的根本原因在于无法接纳或者排斥自我"堕落"的一面；而艾琳则是在不断地排斥自我中不"不好"的一面。可以试想一下：无论是瑞恩还是艾琳，他们刚出生的时候，都是纯净而美好的，压根儿不知道什么是堕落、自卑、能力差或者低情商。那些所有的低价值感受和自我低评价，其实都是在后天成长过程中，不断学习、不断被他人塑造的。

乔治今年刚刚5岁，在不太和谐的家中成长，他的妈妈是一个严苛的人，爸爸又经常酗酒，两人经常发生各种不愉快。妈妈经常将对爸爸的不满情绪，发泄到乔治身上，比如说他可能正在写作业，刚与爸爸吵过架的妈妈便拍着他的脑袋说，你看你写的这是什么，你怎么这么笨，这么简单的题目都弄不明白；在外面逛街的时候，乔治想要吃一个冰激凌，却遭到母亲的谩骂，指责他不够懂事，只会向大人一味地索取……在无数次的亲子互动中，母亲总是会用自己的行为在向小乔治传递一个信息：你太糟糕了，你总是让人失望，不配我好好对待你。在乔治的记忆中，不仅母亲对自己严苛，在学校里老师也对他不怎么友好，原因是乔治的学习成绩太差。于是，当他和别的同学闹矛盾的时候，老师都会先批评他为什么不把心思放在学习上，而对别的同学的过错视而不见。实际上，老师也在用自己的行动对乔治表达不满：因为你成绩差，所以我不喜欢你，要想被我喜欢，就得提升学习成绩才行。

母亲和老师对乔治的看法，对于小乔治来说，都代表着无法反抗的权威，他无可奈何，只能通过"认同"的方式将这些挑剔自己的部分内化。这样乔治的内在就分裂为两个部分：一个部分是他自身所拥有的、纯净而真实的自己；另一部分是被母亲和老师等权威塑造了的自己，这个"自己"是不被自己接纳的、挑剔的和排斥的。后者让成年后的乔治内心始终装了一个"魔鬼"：母亲和老师等权威形象的内化，时时刻刻在给自己找碴、挑自己毛病、觉得自己不够好，不能接纳不好的那一部分自己。

乔治成年后，虽然他已经很早就离开了学校，远离了那位老师，母亲年纪也不小了，不再去批评他了，但是他们曾经的行为却变成了一个魔鬼的形象，一直幽居在乔治的潜意识中，只要找到机会，便会冒出来对乔治进行各种攻击。而机会从哪里来呢？从外面的人际关系中来。

乔治在人际关系上，貌似一直处于较为敏感的状态，尤其是对于外界展现出对他的稍加怀疑、批评或者排斥，他都会表现得异常焦虑和愤怒。这种焦虑与愤怒貌似是朝向外部世界的，朝向那个批评、怀疑或者排斥他的朋友、同事、亲戚等人，但实际上，这种愤怒是朝向他自己的：是心中的那个喜欢批评自己的魔鬼被外界的质疑、批评或排斥所唤醒，然后开始各种挑剔自己不够好，挑剔自己不被爱。痛恨外界不爱自己，同时也痛恨自己不被爱，这是在人际关系中，愤怒来源的一体两面。

在乔治漫长的人生旅途中，他似乎知道自己内心经常被一个魔鬼撕裂着，但他却不明白这个魔鬼的真面目是怎样的，它究竟源于哪里？如何才能将它驱赶掉？所以，在极长一段时间里，他只知道和这个魔鬼共舞，在相当漫长的成长道路上，听从潜意识里这个魔鬼的指挥，时不时地向他人发脾气，还会时不时地挑剔、否定和指责自己。

那么，在现实中，乔治该如何去治愈自己，摆脱焦虑呢？那就是学着去接纳内在那个被排斥的、不被接纳的"自己"，从而最终与完整的自我达成和解，慢慢地去剥夺魔鬼对自己的主导权。成年后的乔治，走进了心理咨询室，他要真正地治愈自己。

乔治问道：如何才能好好地接纳自己呢？

心理师答："这是一条漫长的路，因为你已经习惯了二十多年的行为模式，不会在顷刻间就被瓦解，你可能需要通过一段新的良好关系，内射一个好的客体，从而试着去剥夺内在魔鬼的主导权。"

乔治问："那该是怎样的一种体验？"

心理师道："你闭上眼睛，用心感受你内在的魔鬼是什么样的？"

乔治说："好像能看见，它是冷漠的、严苛的、张牙舞爪的……"

心理师问："这很好。那你能看到被它批评和指责时的自己是什么样的吗？"

乔治说："有些无助、害怕、慌乱和不知所措。"

心理师问："那在当下，你最信任的人是谁呢？或者说，让你感到最舒服的人是谁呢？"

乔治说："是我现在的女友，她是个特别温柔的女人，无论遇到什么事，她总是会冲我笑，不过，我总是会在无意间伤害她！"

心理师说："好的。那你现在就做一件事情，把这个魔鬼的形象换成是女友的形象，看看是怎样的感受？"

乔治沉默了一会儿说道："貌似没有那么冷漠和无助了，心中好像有点光亮了，它只是冲着我笑，不再挑剔我了。"

心理师说："对，就是这个体验。"

这只是一次简单的精神分析疗法，即帮助受伤者去感受和发现藏在潜意识中的"魔鬼"，并且通过置换角色，帮助治愈者重新获得一种内在自我整合的体验。当然，有一次这样的体验，并不一定能根治内心的魔鬼，但是想要与魔鬼和解，总要先看到它，才能慢慢地驯化它。如果你与乔治一样，总被因无法自我接纳而被冲突困扰，希望你也有能力看到自己内心的魔鬼，并和它说上一句：我不需要你再继续来审判我、挑剔我和指责我了，我觉得自己真的很不错。

祛除焦虑，就别太执着于"我"

很多人在生活或工作中难以感受到幸福，就在于其内心太过执着于"我"。他们心中永远只装着一个"我"，为了满足"我"的精神需求或物质需求，最终将自己拖入永久的焦虑或愁苦中。

一个八岁的小男孩，和离异的妈妈一起生活了很多年。日子虽然过得紧巴巴，但是无私的母爱却让他的童年生活充满了快乐。

一天，他放学回家，看到一位陌生男子——那是别人给妈妈介绍的对象。男孩看到他，扭头就往外跑。从此之后，他就变得郁郁寡欢，有时候甚至还为此事与妈妈大吵大闹，说："你是我的妈妈，你的世界里只能有我，你爱别人不能超过爱我。"

妈妈语重心长地告诉他："我是你的妈妈，但我也是我自己的啊。"

生活中，我们许多的不快乐，主要在于太过执着于"我"字：孩子说，这是"我的"玩具，其他人不能随便玩；学生说，这是"我的"老师，不允许他特别地欣赏别人，一定要欣赏我；朋友说，你是"我的"朋友，一定要对我够义气，讲信用；家长说，这是"我的"孩子，一定要听我的话。同样，在感情世界中，许多人之所以享受不到爱情的甜蜜，也主要太过于执着于"自我"：你是"我的"男（女）人，你要一切都听命于我；你是"我的"老公（老婆），不允许任何一个异性去惦记；你是"我的"爱人，你一辈子只能对我好……我们的一切行为和思想，都是紧紧围绕满足"自我"需求而展开，于是也经常会以"我的"名义去要求你的爱人，甚至是控制对方，那么嫉妒、仇恨、贪婪、背叛、吵闹、纠纷，乃至战争自然就开始了。

　　我们因为太过执着于"我的",所以便会去控制他人,或会让他人的行为要遵从自己的意念。但没有人喜欢被控制,被他人所限制,于是,矛盾和不愉快便产生了。要知道,你身边的朋友、老师、父母也好,爱人也罢,他们在社会属性上是属于你的,但在生物属性上,他们首先是属于他们自己的,你的各种强制性的行为,会让人在失去"自我"的同时,对你产生排斥感。所以,要想获得和谐的人际关系,首先要在意识中丢掉"我的"的执念,将你身边的每个人都看成是一个独立的个体,尊重他的一切行为和做法。这样,在给对方充足空间的同时,也能赢得他人的尊重。

　　今年35岁的刘茵是个普通的女人,她的丈夫张俊是一家集团公司的总裁,拥有千万资产,而且长相帅气,知识渊博,为人风趣幽默,再加上事业越做越大,周围有很多女人围着他转。经常会有漂亮的女人给他发暧昧短信,甚至有女人直截了当向他表白。然而,刘茵却从来不害怕失去丈夫,反倒是丈夫张俊变得唯恐失去她,费尽心机地讨好她,这背后究竟有着怎样的故事呢?

　　大多数女人当丈夫长年不在家,又疏于跟她联系时,便会感到寂寞、孤独,而刘茵却把自己一个人的生活打理得有声有色。

　　她一个人在家时,就会安静地看书,有时会流连美味的餐厅,也会在路边咖啡厅静坐良久,看街上的人来人往。

　　刘茵有许多男性朋友,有企业家、社会名流、文化精英,她经常与这些男性朋友喝茶聊天。这增长了她的见识和智慧。她知道,这些男人有雅致,有情趣,有内涵,就像肥沃的土壤一般滋养着她。

　　另外,在闲暇时间,刘茵还经常一个人背着包,去很远的地方旅游。她哪儿都想去,哪儿都敢去。人生地不熟,语言不通,都不怕!旅行又大大增长了她的见识和智慧。

　　很多人曾问刘茵:"你难道不害怕有一天你的男人会被别的女人抢走吗?"她答道:"他从来就不是'我的',他是他自己的。如果他永远能爱我,我当然会高兴,如果有一天,他真的要跟我离婚,我也应该高兴,因为我不会同一个不爱我的人生活在一起。"

一次，有一位漂亮的女人直接向刘茵发起了挑战，那是一个漂亮又时尚的女人：长腿、硕胸、蜂腰，皮肤是那种很健康、时尚的小麦色。她打电话给刘茵说："我爱上了你的丈夫。"别的女人听到这话可能会气得咬牙切齿，刘茵却笑着说："谢谢你欣赏我的男人。"当张俊回来时，刘茵却直奔上去，搂着他的脖子说："老公你太棒了，刚才有个女人打电话来说爱上你了。"她压根儿就没把这件事情当回事。

几年又过去了，刘茵和张俊已经结婚12年了，他们依然恩爱如初。许多女人都羡慕刘茵，说她找到了一个好男人。而张茵则毫不谦虚地说，是张俊运气好，能娶到她这样的优秀女人。大多数女人结婚是为了找个男人来依附，使自己的人生更完整。而刘茵却说，婚姻的目的并不是找一个能令我完整的男人，而是找一个可以与他分享我的完整的男人。

故事中的张茵是智慧的，她的婚姻之所以能长久地维持和谐，最主要的原因是她从不把老公当老公看，不认为老公是"我的"，总是以欣赏的眼光去对待对方，同时，在独处的时候也能经营好自己，最终才获得了对方的尊重和爱恋。

生活中，多数人与周围亲近的人交往时，都觉得对方的某一方面是独属于自己的，不可侵犯的。只要被他人惦记上，便觉得自己的尊严得到了侵犯，然后发生矛盾、摩擦，最终伤了和气与和谐。事实上，任何一种社会关系，一旦我们觉得谁属于我们，就很容易失去对对方的尊重和礼貌。随之而来的反应就是去告诉他，他应该做些什么，应该如何去生活。更有甚者，他们会认为他就应该听从我的指使。这样的关系，都不会持续得长久，因为没有谁喜欢被控制。所以，在人际交往或家庭中，将他人看成是一个独立的个体，懂得去尊重他们的行为和选择，也等于是与自己和解。

如若接纳最坏的，就再也不会有什么损失

生活中，还有一种焦虑源于我们对不可预知的未来的一种恐惧，也是对难以接受失败或不好结果的一种表现。比如我们在做重大决定或实施某种重大行动时，就会陷入焦虑中。要摆脱这种焦虑，就要懂得运用"卡瑞尔公式"，即接纳最坏的，往最好的方向去努力，这样你就再也不会有什么损失，也很容易释然。当你用最坏的打算去对待结果时，结果只会比这个更好，就不会再有什么令你害怕的事情了。

心理医生罗宾·汉斯的治疗记录中有这样一个案例：汉斯的朋友艾尔·亨利因为常年焦虑而患了极为严重的胃溃疡，因为无法进食，所以每小时只能吃一些半流质的东西以补充营养。每天早上和晚上，他都需要护士拿一条橡皮管插进他的胃里，将里面的东西清洗出来。这种情况持续了好几个月后，汉斯建议他说："朋友，既然医生都说你这次没救了，那么最坏的也就是死亡了。你一直想在死亡之前去环游世界，不如趁现在还能行动，去实现自己的这个愿望吧。"亨利听从了汉斯的建议，他买了一口棺材放在船上面，委托轮船公司安排好，万一他去世的话，就把他的尸体放进冷冻舱里运回来。然后，他便开始了他的环球旅行。极为神奇的是，他在旅程开始之后，身体便渐渐地好了起来，慢慢地不用吃药，也不用再洗胃了。就这样，旅行结束后，他的胃溃疡竟然不药而愈了。

如果做了最坏的打算，那么人就会克服内心的恐惧，会大胆地放手一搏，如此你内心的焦虑就会"缴械投降"，如此你的精力将会集中到去解决麻烦和事务上，如此往往能取得更好的结果。

艾米尔是加州人，现在是一家电子商务公司的老板，大众眼里的"成功人士"。还不到50岁的他已经拥有了上百亿的资产，旗下经营着几十家连锁电器超市、数码店，还有一家国际电子商务网站。

有人曾向他探寻成功秘诀，他便自嘲地说："我成功的最大秘诀就是

每天早晨出门前，都会告诉自己：你，今天可能失败，而且是非常惨重的失败，失去一切，你做好准备了吗？然后我会站在阳台上抽根烟，想象一下自己会怎么失败：破产？负债多少亿？还是为此家破人亡？这些情况万一发生了，我怎么办呢？我就设计各种拯救的办法，想想我有什么资源可以弥补损失，有什么方法可以东山再起。最后，我会带着满满的自信出门。"

这就是艾米尔成功的心理准备，由于他有充足的思想预案，因此在创业的过程中，无论遇到了多大的困境，他都能够爬起来，去解决各种问题，选择方向时，他充满自信，比别人多了几分淡定，也极少焦虑。

他曾对朋友笑着说："我 14 岁时卖鱼，高中还没毕业就开始做生意了，后来便跑到休斯顿做文化用品的销售，积累了第一桶金。在我 24 岁时，我接了一个上亿元的大单，结果失败了，生产无法继续，导致贷款危机。这是我挺过的第一道坎，因为我之前做好了预备，所以动用备用资金，把问题解决了。我还炒过楼花，炒过股票，都输得一塌糊涂，直到我进入数码产品的市场，开始做电子商务，开电器超市，才找到了我这辈子的方向。但我仍然有这个准备：如果突然有一天，末日来了，我如何应对？"

怀着这种危机意识，时至今日，艾米尔的生意如火如荼。他从容淡定地面对未来，始终怀着平和的心态，无畏任何突如其来的危机。

有句话说，最令人焦虑的并不是要发生什么，而是不知道要发生什么。做最坏的打算就是对这种焦虑做出的一种心理防守，也正如卡内基所说："当你学会接受了最坏的结果，你才能把专注力放在当下不计结果地努力，这样得到的结果往往是最好的。"所以，当你因为不可预知的未来而焦虑不堪时，那么先对你的行动做一次预测吧，做出最坏的打算，那么所有的心理障碍都能得以越过。

内心有力量的人，能随时与自己和解

时下很多人的焦虑情绪都源于心态问题——内心缺乏力量。他们往往会因为别人的一个眼神或一句话就焦躁，往往因一点儿挫折就陷入盲目、焦虑、纠结、无助等不良情绪中，失去对自我的掌握。而内心强大者，在任何时候，都能与自己和谐相处，尤其是当负面情绪袭来时，通过极强的自我觉察能力，意识到焦虑、痛苦等负面情绪的存在，并有意识地追寻它产生的心理根源是什么，然后接纳与拥抱它的存在，从而有效地缓解焦虑，减轻痛苦。所以，这样的人内心是异常平和的，其情感是温暖的，同时他们有着深厚的知识底蕴作支撑，不会去计较个人的得与失，更不会在乎周围人对他的冒犯，也不会在乎他人的误解和世俗偏见对自己的评价，因为他的内心本身就是一个完美的世界，为此他不会色厉内荏，外强中干，更不会随意对人发脾气，更不会因为他人的言语或行为而焦虑、纠结。可以说，内心有力量者，其对自己与周围的人和世界都有极为强大的信念，这种信念足以让他坚持自我原则，与万物和谐相处。正如作家张德芬所说："什么样的人最有魅力！我愈来愈觉得，内心有力量的人。什么叫'内心有力量'。就是遇到困难，陷入焦虑和痛苦中时，能够坦然地与自己的负面情绪相处。困难大家都有，痛苦每个人也不缺，只要你是人，这些都是不可避免的，但内在有力量的人则可以不受苦。"这句话告诉我们，负面情绪是人的一种正常的情绪波动反应，它跟生病一样，很多时候是不受主体控制的。而生活中的多数人总会选择去"忍"或者是压制它，进而致使自己越来越痛苦。因为强忍之所以难，在于要与自己的天性对抗。而内心有力量的人，首先懂得去接纳这些负面情绪，认识到它与愉悦的情绪一样，都是人正常的一种心理反应，然后用有效的方法将之排解，最终得以解脱，这也是与自我和解的过程。

一天，老子经过一个村庄，村庄里突然跑出来一群人，想让他留下来。老子说："谢谢你们过来找我，不过我已经与对面村庄的人约好了，他们正在等我，我现在必须赶过去。不过，等明天回来后我会有较为充裕的时间的，到时候如果你们还有什么事情找我，再一起过来行吗?"

那群人见状，口中便出污言秽语。老子依然不动声色地向前赶路。其中一个人说："我们苦苦挽留，你却不应声。又将你贬得一无是处，你为何还是不动声色地我行我素呢?"

老子说："假如你们要的是我的反应的话，那你们来得有点太晚了，你们应该在我年轻的时候就过来的，那时候我可能会对你们的话有所反应。然而，这十年来，我已经不会再被人所控制，我已经不再是个奴隶了，我是我自己的主人。我是在根据自己的真实的内心在做事，而不会随便跟随别人去做出什么反应。"

一个内心强大的人，首先是自己心态的主人。就像老子一样，不为外界的任何因素所困扰和左右，只依自己内心去主宰自己的行为。所以，他的世界是一片安宁的。所以，在生活中，我们要活得快乐、宁静，就必须懂得控制自我的情绪，做自己心态的主人，不为外界的干扰所大喜、动怒、焦虑，始终保持一颗平常心，焦虑、愤怒等不良情绪便不会来打扰了。

可见，修炼强大的内心是祛除焦虑的根本良方。一个内心强大者，其具有开放的意识与开放的心态，对于任何不同的声音，他都能够听得进去，然后会依自己的逻辑、常识、直觉、经验以及科学的方法去检验，所以他们对于他人的冒犯性的行为和话语不会轻易动怒，而是会理智且和谐地解决与他人的冲突和矛盾。

张德芬说，内心强大，才算是真正的强大。只有内心强大了，才能不被动、不失控、不受伤，才能在险恶的环境中笑得云淡风轻、走向自信有力，才能无视各种羡慕嫉妒恨，做到不生气、不抱怨、不焦虑。当然了，要修炼一颗强大的内心，并不是件容易的事，生活中你需要从以下几点去努力：

1. 培养自信。自信是一种健康的心态，容易让人养成一种积极正面的情绪，在这种心态下，人们往往充满乐观和朝气，做起事来也更有劲头，能够提升工作效率和效果。工作效率得以提升，你便会心情愉悦。

2. 经常净化你的心灵。我们的脸一天不洗就会蒙上灰尘，心灵也是如此，只有经常净化，才能扫去其中的阴霾，让自己充满热情，积极乐观，笑对人生。

3. 懂得放下。每个人每天都会经历很多事，有开心的，也有不开心的，但无论怎样，都别将这些事放在心上，懂得放下，放下心中的痛苦与压力，才能让自己轻装上阵，过好每一天。

4. 学会不在意。遇事别太往心里去，很多事情只要你在意了，你就彻底败了。生活中，可能有人会故意气你，你在意了，就正中人下怀。其实事情的好与坏全取决于你的心态，你在意了心就会受伤。所以，要学会不在意，才能活得轻松快乐。

5. 要学会承受。生活中如果你遇事很在意，忘不了又放不下，那么就学着去承受吧，这个过程虽然很痛苦，但只要你咬紧牙关，挺过去，让岁月为你疗伤，随着时间的推移，你就会慢慢地恢复的，过了这一关，你的心理承受能力就会提升，人也会慢慢变成熟，内心自然就强大起来了。

第三章

正视焦虑，看到负面事物
背后的积极意义

　　提及焦虑，多数人都觉得它是一种负面情绪，带给人的是无尽的精神折磨，甚至还会影响人的身体健康。正是基于这样的认知，我们才总是容易陷入焦虑的泥潭中无法自拔，实际上，焦虑也是有积极意义的。比如，一般性的焦虑对我们自身来说是一种警示作用，提示我们在某个方面出了问题并且需要解决，同时这种警示作用有利于我们深入思考做出正确的选择和行动，要知道，生活中我们许多人的行为都是因为要规避焦虑而做出的。所以，当我们察觉到自己身处焦虑状态时，多想想自己为何会焦虑，它对我们的生活有着怎样的预警，懂得探寻焦虑的积极意义，从而有效缓解焦虑的情绪。

"焦虑" 也许正在激发你的潜能

焦虑固然是一种折磨人的糟糕的情绪，但很多时候，它却能给我们带来一些正面的、积极的影响。比如，它有助于使你保持活力和拥有对外界不良情况产生必要的防御系统，使我们免受伤害或外界的侵犯。同时，焦虑还有助于使你保持人类的共性。要知道，一个"正常"的人是有欲望、期望和目标的，你也不例外。试想，如果你生活中丝毫没有焦虑感，生活毫无波折，日子平静得如一潭水，内心也始终如一地平静，那你该如何去处理自己的欲望，如何去实现自身的意愿，同时，你也必须要独自忍受各种糟糕的情绪，比如无聊、空虚、失意、无安全感、他人的反对和危险的境遇等，也不会采取有效的行动来抵御或者是逃避这些事情。所以，我们要客观理性地认识和看待自己内心的焦虑感。要认识到，焦虑不仅是一种有效的"防御系统"，焦虑有时候也能激发个人的潜能。

柳枫是自媒体工作者，两年多来，工作还算是舒心，但是最让她心焦的就是每周的写作任务，必须要在一周内交出一定数量的稿子来，这确实给她带来了巨大的精神压力，使她时常处于焦虑的状态中。但后来她发现，正是这种压力感和焦虑，激发了她的潜能。

在很多情况下，她自己觉得：在规定的时间内创造的效率比在自由散漫的情况下创造的效率要高得多。比如说，她本打算要用3天时间去完成一篇文章，在这期间，她可能会去查资料，写作，很是繁忙，但是最终写出来的也不一定能获得粉丝的认可。很多时候，为了黏住粉丝，她必须要在规定的时间内将一篇文章写好传上去，否则，就面临着"掉粉"的风险，之前做的很多努力都会白费。在这样的情况下，压力尽管是巨大的，但她也能够写出一篇精品文章来，在极短的时间内反而能激发出她的灵感来。

很多时候，在"绝境"之中，她的效率反而要比以前提高很多。久而久之，她积累的知识也多了，写作水平和表达能力自然也提升了不少，先前的种种压力自然也就不存在了。

时间的紧迫给柳枫带来了巨大的精神压力和焦虑感，但是，这种压力和焦虑在她内心引起了波动，能够调集她脑海中所有的思想甚至潜意识的力量去完成工作任务，在这样的情况下，她的写作能力当然是要提高的了。

实际上，世界上从来没有不焦虑的生活，每一件让你焦虑的事情，都是上天为你打开的一扇门，这扇门能让你看到别样的、不同寻常的自己。

其实，人都是有潜能的，只是在平常的情况下发挥不出来而已，如果你能利用生活或工作中的焦虑情绪，在迫不得已的情况下逼自己一把，将自己的潜能激发出来，那么，你会成为更好的自己。所以，当我们因各种压力而感到焦虑或产生痛苦的情绪时，一定要及时更新观念，不要将焦虑或忧虑看成我们的仇人，而是将之看成激发我们个人潜能的"恩人"，或者看成是提醒我们对外界保持"警惕"的信号，那么焦虑就会对我们的人生产生积极的影响。

近段时间，刘东陷入了极度的焦虑中。原因很简单，毕业于名牌大学的他，幸运地进入了一家大企业，经过一段时间的打拼，他也如愿地做了部门领导，他原本觉得自己比同龄人优秀很多，可后来在一次同学聚会上，他才发现自己的渺小。尤其是大学时期和他同宿舍的同学，已经实现了年薪百万的目标，最让他郁闷的是，那些同学没有付出比他更多的努力。

同学会后的那几周，刘东对工作更认真努力了，但又不知道如何才能实现个人的突破，获得与之相匹配的成就，每天都焦虑得睡不着觉。直到后来，他结识了更多的优秀者，才意识到一个问题：别人的永远是属于别人的，自己再焦虑都不能缩短与别人之间的差距，也没办法在短时间内改变自己。

后来，他遇到比自己优秀的人时，虽然还会焦虑，但他会更关注这些人是如何做事的，研究这些人为何会比普通人高明这么多。刘东只要从别人身上学到一丁点儿的经验，就会琢磨着如何将之运用到自己的工作或生活中。经过多次的尝试，刘东觉得自己成熟了许多，就连他的上司也觉得他稳重、优秀了。

这时，刘东才意识到，焦虑也是一种优秀的特质。它意味着自己总能在生活中快速地识别出那些比你更优秀的人，并促使自己向他们学习。

的确，焦虑是优秀者的特质，当你有一颗不甘平庸的心，你就一定会为生活中的种种不如意而焦虑。相反，那些甘于平庸之人，则不会焦虑。所以，当你因为看到与别人的差距而感到焦虑时，就说明你身上有一种不服输的优秀品质，有一颗不甘于平庸的心。同时也说明，你想要变得更好，你有更高的目标。这种理想和现实的差距，会驱使你前进，这种适度的焦虑感，能够让你在别人逍遥人生的时候，静下心来学习。也能够让你更清晰地认识到自己的缺点，从而不断地提升自己，最终成为更好的自己。

华为公司自 1987 年成立至今，其之所以能不断地成长，发展成为横跨通信行业和科技行业的巨头，就在于其始终保持适当的危机感和焦虑感。

华为的创始人任正非在《华为的冬天》中说过这样一段话：

十年来，我天天思考的都是失败，对成功视而不见，也没有什么荣誉感、自豪感，有的只是危机感。也许是这样才存活了十年。我们大家要一起来想，怎样才能活下去，才能存活得久一些。

像华为这样的大企业，按理说最应该安逸度日，而不是每天担心这个，忧虑那个。可正是因为任正非的焦虑，才推动了一个企业甚至一个行业的不断进步。这种焦虑，是一种优秀而且正向的特质。所以，我们不必对内心的焦虑而产生排斥或厌恶的心理，而是应该正面地积极地拥抱它，然后与它和谐共处，并在焦虑中不断完善自己，不断成长，最终成为更好的自己。

学会接纳生活中的各种"不确定性"

焦虑是人生常态，但是过度的，不适当的焦虑则会成为问题。在日常生活中，饱受过焦虑折磨的人都有这样一种心理：无法接受生活中的不确定性，进一步说就是，无法允许自己出半点差错，很难接受那些自己不想要的结果。所以，生活中只要发生一点"风吹草动"的事情，或出现一点不确定的可能性，就会引发他们强烈的焦虑感。比如，你好不容易喜欢上了一个人，但是却总在担心万一主动示好或表白后被拒绝了该怎么办？费了好多精力终于被一家公司邀约去面试，却总担心万一面试表现不好，没应聘上该怎么办？后天要去拜访一位客户，却总担心万一拿不下订单该怎么办？明天要去国外，却总担心到那里万一语言不通，找不到接待自己的人该怎么办？……我们总在为"莫须有"的事情担忧，实际上是因为无法接纳生活的各种"不确定性"。

对此，心理学已证实，这种绝对化的期待或者要求导致的焦虑感，会大大地降低一个人生活的幸福度。而要摆脱由这种不确定性带来的焦虑感，就要懂得与生活中的各种"不确定性"和谐共处。

刘晓今年刚从大学毕业，在刚找工作的前两个月里，她内心充满了迷惘和焦虑。因为毕业的学校不够好，学的专业也不热门，所以对未来的各种不确定性充满了担忧。她曾给朋友打电话说，要是能让所有的事确定下来就好了。她希望一切东西都按照她的想法按部就班的一个个地落实，这样她内心方能踏实。朋友劝解她，这种想法是不现实的，你要懂得从生活的"不确定性"中找到其中的乐趣来。

就在这样的焦虑不安中，刘晓终于找到了第一份工作，刚进单位，工资不高，每个月经济压力很大。同时又缺乏工作经验，生怕一不小心就失业了。当时的她曾跟朋友讲，如果有人现在能跟自己签约，答应每月给她2万块钱，她愿意在那里上一辈子班，绝不跳槽。刘晓也知道这样的想法很幼稚，但当时的她就想追求"确定性"，她希望自己这辈子都不变。

后来，等一切都安稳下来了，她经过努力表现，工作能力得到了提升，也升了职。每当想起当初的自己，就觉得可笑。她说，假如生活真的出现了"确定性"又是多么可怕的一件事情，因为那样一来自己的人生该有多么地单调和乏味。生活正是有了各种"不确定性"，不知道自己下一秒会发生什么事，遇到什么人，有着怎样的人生际遇，才充满了无限的趣味性。

从此之后，刘晓不再害怕未来，不再畏惧变化，她已经能与各种"不确定性"和谐相处。正是这样的心态，使她有了一个个偶然的机会成为"斜杠青年"，踏足各种副业，收入翻了几倍。

的确，生活中正是出现了各种各样的"不确定性"，才使我们的人生呈现出多姿多彩的乐趣来。所以，我们要以积极乐观的态度去面对生活中的各种"不确定性"，并懂得与之和谐相处。对此，你不妨学着小孩子的样子，去以一颗好奇心去探索和体验世界带给我们的多样性。试想，那些咿咿呀呀的小孩子在刚学习走路时，会不断地摔跤，但他们焦虑了吗？并没有！他们开始学习说话时，说一些我们根本听不懂的话，他们为此焦虑了吗？显然没有。相反地，他们只是开开心心、跌跌撞撞地，在不知不觉中把什么都学会了。这就给我们以启示：生活中的各类事情出现偏差并不是可怕的事情，任何事情出现了差错，它对我们产生的影响都是有限的，即便当时很严重，事后我们也总有弥补，或者通过其他事情来平衡的机会。人生的精彩不在于你走了多少弯路，而是在"弯路"的行走过程中所欣赏到的不同的风景，体验到的不同的感受。你的体验越多，探索越多，或许犯错的概率也会越多，但同时你积累的经验也就越多，相对于那些不敢犯错的人，你成功的概率也就越大。所以，在生活中放弃不允许自己出错的"完美主义"观点，让生活中多些"不确定性"。

哈佛大学积极心理学家艾伦·朗格曾做过一项研究，主要探索对出错的开放态度如何影响公众演讲焦虑。实验将参与者随机分为三组，让他们进行演讲：A 组的参与者被告知"出错是糟糕的"（完美主义）；B 组的参与者被告知"出错是难免的"（自我原谅）；而 C 组的参与者被告知"演讲需要出一个错误，而且还可以出更多意外错误"（好奇开放）。结果，C 组的参与者在演讲中感到最舒服，最不焦虑，并且得到了观众们的一致最高评分。之所以会出现这样的结果，是因为这组参与者已经将完美主义抛到了脑后，只是专注于他们自己的表达，这样才能好奇地去探索其经历本身。

这个实验极好地说明了，出错并非是我们避之不及的丑事，一旦错误发生，我们也不应该只以自我安慰来应对。相反，出错还是值得鼓励和庆祝的，它甚至能让人表现得更为出色。所以，当你因为生活中的各种"不确定性"而焦虑时，你需要做的就是敞开你的胸怀，带着你的"好奇心"，拥抱这些"不确定性"，允许生活中出一点意外，甚至是差错。这样不仅使你的人生充满多样性，而且还能最大限度地提升你的生活层次。

建立一个强大的“核心自我”

每个人都可能有过这样的体验：别人一句挑衅的话，就能让你火冒三丈，焦虑得整夜睡不着觉；会因为上司的一句不经意的批评而情绪低沉，为自己的前途担忧不已；会因为他人的讽刺、嘲笑、挖苦而怒火中烧，焦虑到想报复对方……以上这些焦虑的产生，都是因为你的“核心自我”意识太弱所导致的。正如心理学家武志红所说：“一个人核心自我诞生之前，你像是环境的响应物。譬如，你对别人的评价超在意，似乎别人的评价定义了你是谁，你会极力地调整自己，以争取做到该环境内的最好。这种时候，你是没有自由度的，别人的评价，会极大地左右着你。一旦你的核心自我诞生了，环境的变化，还会激发你的反应，但不能再动摇你的根基。由此，你有了从环境中跳出来观察的能力与一份从容。虽然我们总强调锤炼，但必须得说，核心自我的形成，总是取决于一个人与周围关系的质量。若有一个温暖且能良性互动的稳定关系，你会感觉到，心灵在迅速地成长。突然有一天，你会发现，自己不再被外在环境中的苛刻评价所左右，那就意味着，你终于有了自我。”同时，科胡特也有一段话极好地描绘了“核心自我”：在情绪的惊涛骇浪中，有一个核心自我稳稳地站在那里。它会摇晃，摇晃是一种呼应，但只摇晃，根基不被动摇。”可见，一个人的“核心自我”就是一个人情绪稳定的根基，我们要在波澜起伏的生活中保持平和，必须要练就一个强大的“自我”，这样便不易被周围的环境以及他人的看法所“控制”。而核心自我较弱的人，也很容易因为他人的不当行为而被焦虑所缠绕。

洛克菲勒因经济纠纷与人对簿公堂，开庭时，对方的律师看起来是个极富修养的人，洛克菲勒对本次的官司并不抱有什么信心。

在法庭上，对方的律师拿出一封信问洛克菲勒道：“先生，请你告诉我是否收到了我寄给你的信呢？另外，你为什么没有回信呢？”

“我收到了，但没有回！”洛克菲勒十分果断干脆地回答道。

于是，律师又拿出二十多封信，并且以同样的方式一一向他询问，而洛克菲勒却都以相同的表情，一一给予其相同的回答。

律师见洛克菲勒如此地镇定，终于按捺不住内心的狂躁，顿时愤怒至极、暴跳如雷，并不断地咒骂，完全失去了一位律师应有的风度！

最后，法庭宣布洛克菲勒先生最终胜诉！原因很简单，就是因为对方的律师在法庭上乱了阵脚，让自己失去了判断力。洛克菲勒就是利用这点，不断地用言语去攻击他的"软肋"，使他将对方的目的以及打官司的手段等细则全部都透露了出来，最终赢得了官司。

从心理学的角度分析，这位律师之所以在法庭上自乱阵脚，是因为其内在的"核心意识"不够强大导致的。他对"自我"缺乏必要的自信力，所以，周围人的言行很容易影响到他的情绪。那么，在现实生活中，我们该如何建立稳健的自我核心意识，祛除焦虑，保持淡定呢？

实际上，核心自我的建立，最初必须建立在"我是好的"的感觉之上。如心理学家武志红所说："这种'我是好的'的自恋感，是一种凝聚力，可以将关于自我的各种信息凝聚在一起。可以说，这种自恋是一种向心力。此外，基本的控制感极为重要，我们只会将自己能掌控的信息，和自我粘在一起。如不能掌控的，我们倾向于切割和分离。一旦'我是好的'这种感觉攒得够多，核心自我得以建立以后，我们就有了这种感觉：形势无论怎么发展，我都相信自己能掌控局势。此后，自我就可以比较轻松地扩展。"可见，生活中，绝对不能接受批评、情绪很容易受周围人左右的人，是因为"我是好的"的这种基本自恋都未形成，所以，一点点"我是不好的"的信息就可以让他的自我得以破碎。同时，"核心自我"的形成，与早年的家庭教育密切相关。"核心自我"的养育，其实就是父母允许孩子做自己，允许你的能量以自己的方式表达出来。这样，其内在就有非常牢靠的一个内核。相反，如果父母要求孩子必须一切听从其安排，那么孩子就不可能有这样一个内核在，核心自我也就根本不可能建立。并且，既然父母的话决定着你是谁，那么自然，你在长大后也会特别在意别人的话，所以别人的话就如同惊涛骇浪一般，可以引起你极大的反应。

换位思考，让心情变美好

很多时候，我们焦虑、痛苦、愤怒往往不是源于问题本身，而是因为我们过度坚持自己对问题的看法而产生的。不同的人在看待事情时的角度也往往呈现出截然不同的模样，你是否能站在他人的视角上对自我观点、自我做法进行审视？是你能否有效地回避痛苦、减少挫折的有效方法。

14 岁的凯瑞问老师："我如何才能成为一个能让自己愉快，也能带给别人快乐的人呢？"

"第一是要把自己当成别人！这样当你欣喜若狂时，把自己当成别人，那些狂喜也会变得平和一些！"老师接着说，"把别人当成自己！这样就可以真正同情别人的不幸，理解别人的需要，而且在别人需要帮助的时候给予最恰当的帮助。最后一句，把别人当成别人，即要充分尊重每个人的独立性，在任何情形下都不要侵犯他人的核心领地。"

这段对话提示了人对自己的认识过程，是一个从自我本位向他人本位转移的过程，而且实现这一过程需要的条件就是换位思考。其实，所谓的换位思考，就是从对方的立场和角度去考虑问题。在现实生活中，需要我们换位思考的问题比比皆是，家长与老师、老师与学生、批评者与被批评者、上级与下级、干部与群众，等等。如果你凡事都能换位思考，站在他人的位置上考虑问题、处理事情、解决矛盾，那么，你与他人之间便会多一分和谐，少一分气愤。

《马太福音》中说："你们愿意别人怎样待你，你们也要怎样待人。"换位思考是人类经过长期博弈，付出惨重代价后总结出的黄金法则。没有人是一座孤岛，社会是一个利益共同体。我们不能用自己的左手去伤右手，我们是同一棵树上的叶和果。克鲁泡特金在《互助论》中证明：只有互助性强的生物群才能生存，对人类而言，换位思考是互助的前提。

一位哲人说，大部分时间里，人与人之间的争吵，完全是可以避免的，其万能的法宝就是学会换位思考，让自己经常站在他人的角度去想一想。在我们的日常生活与工作中，难免会遇到意见不同甚至对立的一面，双方应本着商量与探讨的原则去解决问题，唯有如此，能让误会与憎恨减少。

1. 拥有辨别对错、是非的能力

要进行换位思考，首先要拥有辨别对错、是非的能力。不同的环境、人生观与不同的思维方式甚至于不同的身份之下，都决定了个人思考角度的不同。要想在纷繁复杂的社会中让自己进行准确地换位思考，首先一定要提升个人能力，让自己拥有对与错、是与非的辨别能力，唯有如此，个人才能在进行换位思考时，不至于让自己被各类情绪所影响。

2. 先冷静，再换位

进行正常的思考的前提是让自己先清醒和冷静下来，而换位思考并非在任何一种环境下都能够做到。在正常的情况下，一旦受到他人的观点、看法的冲击，人很容易被情感冲昏头脑。为了挽回自己所期望的状态，往往会过度坚持自己的意见——哪怕这种意见本身是错误的。

3. 认识到自我思维的局限性

所谓的换位思考，即主观地站在对立面的角度去考虑、发现问题或者观点的正确性，避免因为考虑问题的主观性，使自己的观点缺乏客观的普遍性，产生片面的结果或者决策。在思维的主观与客观间，你应该明确地认识到自我思维拥有着片面、独断的特点，可能自己的某些想法与思维还存在着不具备现实可行性的思维方式，而换位思考则可以使你观点中的主观性进一步淡化，令你在考虑他人的看法时，进一步全面认识自我观点，使其更容易被普遍接受。

4. 换位思考并非代表全盘接受他人的观点

当你利用自身智慧与常识发现对方的观点是错误的时候，你完全可以坦然告之，而当你站在对方的立场上考虑问题，并发现对方观点存在的合理性后，再通过这些观点进行整合，则更有利于你获得全面的观点。当你不断地与他人进行观点交换时，你的观点会日趋成熟、日益具备客观性，别人也会更容易接受你的观点。

世上无事能伤到你，除非你自己愿意

《辣妈正传》中的一个桥段令人回味无穷：上司李木子听夏冰难过地说自己要离婚，她这样劝解道："人生四大事，生老病死，其中没有离婚这一项。当然我听到这个消息挺震惊的，但你真的没有足够的理由给自己休假或减压。在这种情况下，你只能更努力地工作，因为没有任何人再能给你和你女儿的未来作保证。"其实，这个世界上，除了死，其余的都是微不足道的小事。

生活中，多数人在遭遇人生的重大灾难之后，都会担忧、焦虑、伤心，甚至对人生产生绝望，终日患得患失，不得安宁。实际上，无论你真正地遭遇什么，一定都要永远地记住：人生没有过不去的坎，只有想不通的人。这世上无事无人能够伤害到你，除非你自己愿意。只要你的内心是阳光的，以正确的姿态对待周围的一切，便能够度过所有的艰难困苦。

绍云出生于一个贫穷的小山村，19 岁便与同村的人结了婚。在 25 岁的时候，正好赶上日本侵略中国，当时的日本兵在她们家乡进行大扫荡，她就经常带着两个女儿和一个儿子过着东躲西藏的日子。村中的很多人都忍受不了这种暗无天日的折磨，而她总是对他们说道："不要绝望，人生没有过不去的坎，日本不会永远都这么猖狂的。"

后来，她终于熬到了日本被赶出中国的那一天，但是，不幸又一次找上了门。在那艰苦的抗战岁月中，他的儿子因为极度缺乏营养，又缺乏医药，生病夭折了。为此，丈夫躺在床上不吃不喝，而她却流着眼泪说："再苦的日子也要过，儿子没了，咱以后再生一个，人生没有过不去的坎！"

几年后，他们果然又生了一个儿子，但是就在儿子半岁的时候，丈夫却因为患水肿病离开了人世。在这样的打击之下，她根本没回过神来。但是最终还是挺过来了，她将三个未成年的儿子揽到自己怀里，说道："爹走了，娘还在呢，只要有娘在，你们就别怕，人生没有过不去的坎。"

　　于是，她一个人含辛茹苦把三个孩子拉扯大了，生活也渐渐地好转起来。再后来，两个女儿也嫁了人，儿子也成了家。她逢人就兴奋地说："看吧，人生根本没有过不去的坎，走过去了，一切都变好了。"她年纪大了，不能下地干活，每天就在家里缝缝补补，做做衣服。

　　但是，上苍似乎一点也不眷顾这位一生都坎坷的妇女，就在她照顾孙子的时候，不小心摔断了腿，因为年纪太大做手术太过危险，就一直没有做手术，她每天只能躺在病床上面。儿女们都哭了，她却说："哭什么，我还要好好地活着呢，人生没有过不去的坎！"

　　即便是下不了床，她也没有怨天尤人，而是静坐在炕头上做针线活。她会织围巾，会绣花，会编织手工艺品，左邻右舍的人都夸赞她手艺好，还跟着她学手艺。

　　她活到了 90 岁，在临终时，对儿女们说："你们要好好过，人生没有过不去的坎。"

　　每个人都是在遭遇一次次的重创之后，才猛然发现自己是如此的坚强和坚毅。为此，我们说，人生无论遇到什么样的磨难，都不要一味地抱怨，抱怨上苍的不公，甚至从此一蹶不振。

　　无论你遇到什么，你一定要记住：人生没有过不去的坎，只有过不去的人，一切的苦难，都会成为永久的过往，都会成为一种回忆。另外，你还可以用以下的方法安慰自己：

　　1. 遇事焦虑、痛苦、抱怨，不但于事无补，有时候还会使事情变得更糟糕。所以，无论现实如何，我们都应该扪心自问：我这样能解决现实问题吗？如果不能，那就马上使自己中止这种坏情绪。

　　2. 学会自省。总被负面情绪折磨的人，可能很难意识到：自己的很多抱怨都是自己一手造成的！你的工作没做好，上司自然会批评你；你不注意减肥，当然没有适合自己的衣服；你不看天气预报，被雨淋了又能怪谁？所以，当我们觉得自己被现实"伤"到时，不如先学着去反省自己。当你了解到自身的缺陷和不足，分析问题的症结后并能对症下药时，就能发现生活原本很美好，是我们自己把它形容得苦不堪言。

扪心自问：一年后你还会为这件事而焦虑吗

生活中，能让我们陷入焦虑的往往都是小事。如果当下的你正为一件不起眼的小事而纠结、烦恼，那么，请把目前你所面对的情况，假想成不是现在正在发生的事，而是一年后的事情，然后，再仔细地询问自己："这个情况真的有我所想的那么严重吗?"其实，目前你所过于在乎与焦虑的事情，如果将它放在无限遥远的生命长河中，就显得很轻微了。这样，你就可以摆脱因小事而带来的烦恼了。

因为老公一而再，再而三地背叛自己，沈眉坚决地与他办了离婚手续。一段时间，她都以泪洗面，沉浸在痛苦和焦虑之中无法自拔。尤其是当她想到今后的路该如何走下去时，她便觉得焦虑不已。就这样经过两周的煎熬，她终于想通了，开始清醒地意识到，她与丈夫的缘分真的到了尽头，当下她唯一的出路就是要让自己强大起来。

她用水洗净脸上的泪痕，化好妆，用漂亮的字列出一张新的生活计划表：上午去学习简笔画，晚上练习彩画。就这样，她依照计划表开始了新的生活。半年过去了，她的气色好多了，人也变得精神了，而且已经能独立地设计令自己满意的作品来，简笔画也画得让众人称赞，她觉得自己底气十足。

随后，她到了一家大型的广告策划公司，从普通员工做起。尽管收入不高，但这是她人生的一个新起点，她有足够的时间和动力去挑战新的工作。熟练的设计、优雅的衣着、卓越的能力，都让她成为一个魅力四射的女人。28岁后，她开始慢慢地升职加薪，一直到设计总监。四年后，32岁的她拥了自己的一家广告公司。她开始与一些追求自己的优秀的男士约会，独享爱情带给自己的美好。其中，有一个留美背景、家道殷实的男士，欣赏自信独立的女人，对她展开了猛烈的追求。

她的生命又重新焕发出热情来，当下的她每当回忆起离婚的事情来，她的心中再也感受不到伤痛，正是那个不信守承诺的男人让她真正地强大了起来。

　　其实，我们每个人都是如此，你当下所焦虑、痛苦与担忧的事情，在你漫长的生命长河中，不过是一粒不起眼的沙罢了。无论今天你遇到了怎样令人焦虑无比的事情，比如跟你的爱人吵架，跟小孩闹脾气，或者跟上司、同事起冲突，甚至是自己犯的一个致命的错误，一个机会的丧失，一个遗失的皮夹，一个客户的拒绝等，一年甚至几年后，它们都会统统地在你的生命中被遗忘，就算有人向你提及，你可能也不会真正地在乎它们了。要知道，人生不是等价交换，凡事都不必去斤斤计较。很多时候，在当初曾让你过于在乎而痛不欲生的事情，对若干年后的自己只不过是随手可以丢弃的"垃圾"罢了。

　　当然，再回首自己曾经走过的路，你就会发现，当初那些让我们觉得天都要塌的困难，在现在看来只不过是一些鸡毛蒜皮的小事而已；当初那些让人感到快要窒息的斥责，现在看来也显得极为可笑了；过去那些令自己万分痛苦的事情，现在也只是供自己茶余饭后闲聊的一个话题罢了……一切的一切，都已经成为永远的过往。再痛苦，再不幸，也只是生命中一个过往而已，只要将心灵放大一些，不要将那些不快留在我们眼前或者心中，一切都会成为永久的过往。

　　所以，不要太去计较眼前的一些痛苦和烦恼，那只会缩小我们的内心，心小了，如何能装得下未来的大千世界呢？

缘分尽时，与其痛苦，不如潇洒放手

　　失恋，对于任何人来说都是一杯难咽的苦酒，尤其对于情感细腻的女性来说，那种烙在灵魂深处的伤痛有可能会一直伴随着自己整个生命的旅程，那种焦虑不安的状态甚至会使人失去理智。

　　心理学家指出，人们对失恋不妥的应对方式加深了这一痛苦，就像嘴里长的溃疡一般，越痛越是要去舔，越舔又越痛。要解除痛苦，唯一的方法，便是学会豁达地放手，而不是在过去中沉沦自虐。要知道，人生的道路还很长，人生除了感情还有更精彩和更重要的内容等着你去演绎，所以，与其在痛苦焦虑中无法自拔，不如学着看淡一点，潇洒地转身，把自己收拾得漂漂亮亮，好好珍爱自己。

薄暮时分，一位中年妇女在公园的紫藤花长廊中，握着手机不停地哭诉："事到如今，我还能怎么样，看在孩子的分上，我只能忍了。但是，没想到他仍旧如此无情，我现在连死的心都有……"接着又开始不停地抱怨那个男人是如何的无情，她这几年又是如何的辛劳。

原来，她的丈夫有了外遇，被她发现后，就大吵大闹。丈夫一气之下，就向他提出了离婚，如今的她欲哭无泪，焦虑难安，不知如何是好。

她的肤色黯黄，一束凌乱的头发潦草地扎在脑后，臃肿的身材"盛"在暗黄色的水桶裙中，脚上穿了一双很随意的白色旧"人"字拖，这些颜色混搭起来，很不美观。

这些年来，她为丈夫操持家务，做饭、洗衣，带孩子，什么都做得很好，唯独忽略了自己。于是她的百般好，都被她丑陋的打扮黯淡了。年轻时候的她，本是一个眉清目秀、毫无烟火味、瘦弱腼腆的淡雅女子，与当下的她完全是两个不同的模样。

其实，生活中很多人都会遭遇感情的伤痛，但是无论任何时候，我们都要学会好好地珍爱自己，只有懂得爱自己的人，才会受到他人的珍爱。能与相爱的人相守一辈子，固然很好，如果真有不爱的一天，万一婚姻或爱情给你带来伤痛或失望，就不必再去浪费时间去恨这个人，去和他争，和他吵，一生那么的短暂，真的要赶快放下伤痛，好好地去珍爱自己，想办法让自己活得幸福，那才是对对方最好的"报复"。

要知道，你的放手，一方面是给予了对方自由，另一方面也是成全了自己。人世间曾有太多令人心碎的安排，过于执着只会给彼此带来一种悲哀，一种伤害。所以，我们还是顺其自然吧！退一步海阔天空，学会放手，学会给对方予自由！给他爱你的自由，也给他不爱的自由，这样，不也正是一种美丽么？

生命的灿烂与辉煌并不是只能在一个地方拥有，只要释然一些，放下过去，用一颗感恩的心看待过去并希冀未来，你终究会看到另一番风景的。天涯何处无芳草，人间自有真情在，自己的柔情一定会有人读懂。既然双方都疲惫了，不妨让彼此都休息一下，别在失去感情的同时，也失去了自尊。这时候，你可以静静地坐下来，抬头看看天，看看树，再洗把脸，听支歌，读一段小诗，梳梳头发，照照镜子，看看里面的那双眼睛是不是还过于炽热。告诉自己：你并没有失去什么，那些不属于自己的东西是注定得不到的。

一切人与事都抵挡不住时间的洪流，握在手中的，也要做好随时被带走的准备，包括感情。学着和气分手，过多的争吵和抱怨，只会让自己不幸福。然而，时间也是仁慈的，终有一天，你会发现，这些怨过、恨过的光阴，早已经成为时光随手可以带走的"垃圾"。此外，当你处于焦虑不安的状态时，也可以用以下的方式来安慰自己：

1. 告诫自己，这个世界上没有永远的激情，没有一成不变的事物。人生好似花开花落，周而复始，没有永远不凋谢的花朵，没有永恒不变的感情！真爱一个人，不一定要拥有；真正的爱情，也不一定就会天长地久！如果你爱一只鸟，就给它飞翔的自由，给它享受蓝天的自由，给它品味风雨的自由；爱一个人，给他爱的自由，给对方选择的自由和拒绝的自由，这是爱情的最高境界。

2. 来一场说走就走的旅行，在路上你可能会感受到：人生的风景并不止一处，当你在为逝去的美景哭泣的时候，眼前可能错过了一幅更美的画卷。告诉自己别沉醉于过去的情感，失去了意味着这段情感不适合你，下一段更好的感情正在等待你。回过头，你怎能看到眼前的美景？不放下过去，你怎么会获得自由？

抓住现在，敢于与昨天的不幸"决裂"

人生中的不幸在所难免，很多人总会沉浸在过往之中无法释怀，焦虑不安、伤感等情绪总是时不时地袭来。对此，潜能激励大师安东尼·罗宾给我们提出了忠告：将所有的苦恼、焦虑、不幸及痛苦等所有妨碍我们快乐的一切统统都忘掉。

如果你遇到了不幸，可以抬起头，严肃地对自己说道："这本身没有什么了不起，它不可能打败我。"其后，你就要不断地向自己重复使人愉快高兴的话："这一次都将成为永久的过往，抓住现在才是最为主要的。"

凯西和艾丽莎是两兄妹，他们原本生活在一个富足而幸福的家庭之中。可是，突然袭来的两次重击，使他们的欢笑不复存在。因为兄妹俩都遭受了一场飞来横祸。

先是凯西，毕业之后，与朋友一起创业，将自己几年来攒下来的钱全部投入了进去，原本雄心壮志的他想，如此好的一个开始，一定会有一个好的前程的。然而，天不遂人愿，在满怀信心地继续前行时，手头上所有的资金却被他一直信赖的朋友夺走了。那时候的他还很年轻，还有很多东山再起的机会。然而他却一直被上当受骗的记忆折磨着，再也跨不出前进的一步。从此，再也没能激发出他对生活的渴望，庸庸碌碌地活着，看似上了一次当，实则一生都上了当。

接下来，刚刚上高中的艾丽莎，在一次放学回家的路上，却被一群无业游民盯上，最终无助的艾丽莎被强暴了。此后，她就被痛苦的记忆折磨着，不得不放弃学业，从此之后不再与男性交往，将自己封闭起来，过着黯淡的人生。她虽然只受害一次，但精神上却让她时时都遭受强暴，就这样她郁郁寡欢地活着，长久下去，患上了严重的抑郁症。

如果凯西与艾丽莎能与过去的痛苦决裂，那么，未来的曙光就是属于他们。因为年轻是没有失败的，痛苦也只是暂时的。

及时忘记，可以让自己彻底从痛苦之中解脱。忘记过去固然是一件极为痛苦的事情，但是，只要你因为过去的不幸而损害了你当下存在的意义，那就是在毫无意义的损害你自己。如果不懂得忘记，让过去的伤心事、烦恼事、痛苦事永远萦绕心头，刻在心里，那就等于让生命背上了沉重的包袱，给人生套上了无形的枷锁，会让你痛苦不堪。痛苦和记忆要舍弃固然是困难的，但是远比一直被它折磨拖累着要容易得多。

如果你被不愉快的过往所折磨着，那你先要学会自救，因为经历的人是你，没有人能够将你救出，除了你自己。只有你自己清楚自己哪里最痛，哪里需要止痛安抚，或许你能够获得他人的帮助，但是关键还在于你要自己跳出火坑。学会及时忘记该忘记的，那你就能够获得精神上的愉悦与心灵的轻松。

面对曾经的不幸，一定要懂得宽恕自己，这是最难对付的人生挑战。其实，在很多时候，宽恕自己比宽恕他人要难得多。没有一种惩罚比自我指责更为痛苦和让人难受的了。另外，在痛苦时，你要时时告诫自己：

1. "一定要珍惜现在，一定要活出好样的。"或者"昨天的痛，已经承受过了，有必要反复去兑现吗？昨天的痛，尚未到来，有必要提前去结算吗？抓住现在，用心过好现在的每一个"今天"，就是对生命最好的报答。"用此类的话不断地激励自己，便可能走出困境。

2. 人生再多的幸运与不幸，都变成了永远的曾经。一如窗外的雨，淋过，湿过，走了，远了。一如曾经的美好，留于心底，曾经的悲伤，置于脑后，不恋、不恨。学会忘记，懂得放弃，人生总是从告别中走向明天。悄悄地告诉自己说，没事的，一切皆如此。

接纳折磨你的人，他们是你成长的巨大助力

在生活中，每个人都曾遇到过别人的折磨：上司的百般刁难、同事的冷嘲热讽、朋友的风言风语……一些人总对这些折磨心存怨恨，最终苦的却是自己的心。而另一些人却学着去接纳它们，在心里与他们和解，淡定地看待这些所谓的刁难、责怪等，并时时督促自己不断上进，最终成就卓越的自己。

成功学大师卡耐基说："一个人在饱受折磨的背后隐藏着未来的成功，折磨也是人生所需要的，它和成功一样有价值。"一位哲人也说过，任何的学习，都比不上一个人在受到屈辱和折磨时学得迅速、深刻和持久，因为它能使人更深入地了解社会，接触社会现实，使个人得到提升与锻炼，

从而为自己铺就一条成功之路。如此说来，当我们在生活中遭受批评时，不但不要消极抱怨，以牙还牙，相反我们还要感激那些折磨过我们的人。正是因为他们的存在，才使我们的生命充满了机遇和挑战，充满了转折和收获。如果你能够以感激的心态去对待那些折磨过你的人，那么，你就不再是一个悲观消极、面对苦难掩面而泣的人，而将成长为一个无往不胜的勇士。

杰克·弗雷斯，他从 13 岁开始就在一家私人加油站工作。费雷斯刚开始想学修车，但是店老板只让他在前台接待顾客，打打杂。

老板是个极为苛刻的人，每次都不让小弗雷斯闲着。每当有汽车开进来时，都会让他去检查汽车的油量、蓄电池、传动带和水箱等。随后，老板又会让他去帮助顾客去擦车身、挡风玻璃上的污渍。有一段时间，每周都有一位老太太开着她的车来清洗和打蜡。这个车的车内踏板凹得很深很难打扫，而且这位老太太极难说话。每次当费雷斯给她把车清洗好后，她都要再仔细检查一遍，让费雷斯重新打扫，直到清除掉车上的每一缕棉绒和灰尘，她才会满意。

终于有一次，小费雷斯忍无可忍，不愿意再侍候她了。店老板却在一旁厉声斥责他说："你不愿干就赶快滚，这个月领不到任何报酬，你自己看着办吧！"小费雷斯心中很是痛苦，回家后就将事情告诉了父亲，父亲却笑着告诉他："好孩子，你要记住，这是你的工作职责，不管顾客与老板说什么，你都要尽力做好你的工作，这会成为你的一笔人生财富。"

在以后的日子中，小费雷斯谨记父亲的话，不管老板与顾客再怎么刁难他，他都会以微笑示之，并努力将事情做好。几年后，费雷斯就凭借自己的各种基本洗车技术以及其在顾客中的良好表现，开起了自己的店面，并最终取得了成功。

其实，费雷斯的成功与他懂得感激那些折磨自己的人有着极大的关系。"吃一堑，长一智"，那些让你吃一堑的人正是给你一智的客观条件。你为什么不对其心存感激呢？学会接纳并感谢折磨你的人，就注定了你与成功结缘。

在生活中，你是否有这样的感受：你有一个很差劲的上司，你往往会因为他的一句批评或对你的错怪误解，就让你萌生了要成功的念头；你的父母可能因为不够关心你而与你之间产生了隔阂，你会因为他们的一句批评从而萌生了要出去做一番事业的念头；从心理学上来说，当你受到的打击超过了你心灵所能承受的限度的时候，就可以爆发出一种力量，这股力量会驱使你要向他们证明，你能够成功，你可以做出个样子给他们看。所以说，这个世界上比经受折磨还痛苦的事情就是从来没有被人折磨过。

生活中，每个人几乎每天都会受到折磨，而每一次折磨都代表你又要进步了，所以，我们要对那些折磨我们的人心存感激，因为他们让你能够时刻检讨自己，哪些地方做得不好，哪些地方需要改进，让自己变得更坚强，更优秀。如果说，对你好的人是在"帮助你成功"，那么，折磨你的人则是在"逼迫你成功"。为此，我们从现在起，就应该时刻对折磨你的人心存感激，它让你能够得到更为迅捷的发展速度，只有这样，我们才能在折磨中体会到一种幸运和满足，才能使纷繁芜杂的世界变得更为鲜活、温馨和动人。

将挫折当成"咖啡"，喝了它能助你清醒

挫折也是给人带来焦虑情绪的主要原因之一。生活遭遇变故、工作不顺，突然被单位辞退，恋爱亮红灯，婚姻失败……这些都将置我们于痛苦、焦虑甚至绝望的境地。这个时候，与其让烦恼、痛苦、焦虑折磨我们，不如坦然地接纳它，将它转化为对生命的一次考验，咬紧牙关挺过去，你将迎来生命的辉煌。正如一位哲人所说，每个人的生命不可避免地会遭遇到雨天，甚至阴雨连绵的日子，真正的强者，都会将它们当成"咖啡"粉，将思考当成滚烫的热水，然后将两者煮成一壶咖啡，喝了它，让它助你清醒。更何况，我们人生中所经历的磨难、挫折等，也是生命的一种馈赠，它能让生命更顽强，人生的技能更高超。

从前，有一位德高望重的渔夫，有着极为高超的捕鱼技术。渔夫因为自小就善于捕鱼，很早就为自己积累下了一大笔财富。然而，随着年龄的增长，年老的渔夫却一点也不快活，因为他为自己的三个儿子发愁，三个儿子的捕鱼技术都极为平庸。

为此，他就向长年生活在海边的一位智者倾诉心中的苦闷："我实在是弄不明白，我的捕鱼技术如此之好，而我的三个儿子为什么没有一个能成才的？我从他们懂事的时候就开始不停地把自己的捕鱼技术传授给他们，我从最基本的开始教起，总是告诉他们如何织网最结实，最容易捕到鱼，怎样划船才不会惊动水里的鱼，怎样下网最容易请鱼入瓮。等他们长大后，我又传授给他们如何识潮汐，辨鱼汛……凡是我多年来辛辛苦苦积累出来的经验，我都毫无保留地传授给了他们，但是为何他们的捕鱼技术还不如海边那些普通渔民家的孩子们！"

智者听了他的话，便问道："你一直是这样手把手亲自教他们的吗？"

"是呀，为了让他们学会一流的捕鱼技术，我教得很是仔细，很是认真，从来没保留什么！"渔夫回答。

"他们也一直跟随你吗？"智者又问道。

"是的，为了让他们少走弯路，我一直让他们跟着我学习。"渔夫说道。

路人说："这样说来，你的儿子们的捕鱼技术就不会好到哪里去！你只知道传授给他们捕鱼技术，却从来没有传授给他们教训，也不让他们亲自下海多演练，没有经历任何艰险，如何能准确地领悟到你的那些经验呢？"

渔夫的儿子们从来没有经历过任何磨难，没有遇到过任何挫折，他们如何能获得成长呢？在生活中，只有经历磨难的人，才能更快、更好地成长，生命也只能在不幸与困境中得到升华。在人的一生中，总会遇到灾难、失业、失恋、离婚、破产、疾病等各种各样的厄运，即便你比较幸运，没有遭遇，也可能会遇到来自生活的各种各样的压力和烦心事，当你面临或遭遇它们的时候，就一定要用一颗感恩的心去拥抱它们，正是它们才给了你更多成长和锻炼的机会，让你以更为坚强的心态去面对生活中的一切。

事实就是这样，没有经历过风雨折磨的禾苗永远结不出饱满的果实，没有经历过挫折的雄鹰永远不能高飞，没有经历过磨难的士兵永远当不上元帅……这些就是自然界告诉我们的一个极为简单的真理：一切事物如果要变得更为坚强，就必须要经历一些不幸和困境。所以，生活中，当我们遇到挫折或磨难时，千万不要悲伤、叹气，将它当成咖啡喝下去，它能助你更清醒地面对现实，并以坚定的信念去应对生活中的一切。另外，当身陷挫折中无法自拔时，你也可以用以下的方法来勉励自己：

1. 在挫折中磨砺自己。当挫折袭来时，对你来说并不一定是坏事。要知道，舒适的生活使人安于现状、贪念享乐。接纳挫折和磨难的考验，才能使人变得坚强起来。"自古雄才多磨难，从来纨绔少伟男。"痛苦和磨难扩大我们对生活的认识范围和认识深度，使自己变得更加成熟；帮助我们认识人事关系的复杂性，通过总结经验，提升自己，使我们在调整和处理人际关系上学到更多的东西。如果这样去想，你不安的情绪也许会得到缓解。

2. 让自己快速突出重围。当你身处逆境中时，要尽力保持清醒的头脑，力求找出逆境出现的原因，以及解决问题的方法和途径。无论是主观上的过错，还是客观条件上的改变，都会给我们带来麻烦，然而重要的是主动解决问题，这样就能避免过分的抱怨，从而获得突破。

面对误解，与其让自己纠结，不如学着信任

人与人之间的不和谐，很多时候都源于误解。比如你一句无心的话，却遭到了朋友对你人格的质疑；你因晚上应酬回去晚了，会受到妻子的责问；你本来是好心想帮同事完成工作任务，却让他误会你要与他抢功劳……因为有误解，所以摩擦、矛盾便不断滋生，烦恼也如期而至。

面对误解，与其让自己在痛苦、烦恼中煎熬，不如学着以释然的态度去信任对方，获得轻松。比如说，你受到了朋友的误解，近段时间常处于纠结中，与其如此让自己痛苦，不如学着接纳这种误解，让自己相信，你

们的友谊之树是经得起这些误解的风雨的，如此才能让自己更为释然地再去面对朋友；而相对于那位误解你的朋友来说，如果他也始终相信你对他并没有坏心，这样他也可以从纠结中解脱。可以说，理解、信任是消除人与人之间误解的最佳良方。

一次，孔子与众弟子在周游列国时，被困在了陈国与蔡国之间。已经七天了，他们没有找到任何食物。孔子和弟子们只好饿着肚子，饥肠辘辘，有的弟子，心中因此而忧心忡忡。而孔子则每日依旧平静地坚持学习，弦歌不绝，没有表现出丝毫的不满与担心。

子贡见同学们如此饥饿困顿，便用自己身上的财物，突破重围，到外面换了少许的米回来，希望能用来救急。但是人多米少，颜回与子路便找了一口大锅，在一间破屋子里面，开始为大家熬稀粥。其间，子路因事离开，恰好此时的子贡经过，看到颜回拿着小勺往嘴里边送粥。子贡心里极不高兴，但他没有上前去质问颜回，而是走到了孔子的房间。

子贡见了孔子，行礼之后，问道："仁人廉士，穷改节乎？"

孔子回答道："改节，即何称于仁廉哉？"意思是说，如果在穷困的时候就改变了气节，那怎么能算得上是仁人廉士呢？

子贡接着又问："像颜回这样的人，该不会改变他的气节吧？"

孔子则坚定地回答子贡说："当然不会。"

于是，子贡便将看到颜回偷偷吃粥的事情，告诉了孔子。

孔子听后，并没有感到惊讶，说道："我相信颜回的人品，虽然你这么说，但我还是不能因为这一件事情便怀疑他，可能其中有什么缘故吧，你不要讲了，我先问问他。"

孔子召了颜回来，对他说道："我前几天梦到了自己的祖先，想必是要护佑我们吧，粥做好了之后，我准备先祭祀祖先。"

颜回听了，马上恭敬地对孔子说道："夫子，这粥已经不能用来祭祀祖先了。"

孔子问道："为什么呢？"

颜回答道："学生刚才在煮粥的时候，粥的热气散到了屋顶，屋顶被熏后，掉了一小块黑色的尘土到粥里面。它在粥里，粥便不干净了，学生便用勺子舀起来，要将它倒掉，又觉得可惜，于是便吃了它。吃过的粥再来祭祀祖先，是不恭敬的啊！"

孔子听后说："原来如此，如果是我，那我也一样会吃了它的。"

颜回退出去之后，孔子回头对几位在场的弟子说道："我对颜回的信任，是不用等到今天才来证实的。"几位弟子由此受到了深刻的教育，非常佩服。

这个故事已经为我们解决了关于误解的难题，那便是信任。生活中，如果我们始终相信朋友是值得信赖的，情侣间如果相信你们彼此是真心相爱的，如果每个人在对某人某事做出判断时，给自己留一个"信任"的前提去求得真相，那么冲动、愤怒、误解便不可能绑架我们的心。但很多时候，我们宁愿做情绪的奴隶，而不愿意成为信任的主人。

大多数的时候，人们都不可能像故事中的人一样，有机会为你道出真相，有些真相说出来也未必能够被理解。如果你还未了解，请给予别人以理解，如果不能理解，请至少保持沉默。少说一句，便可以减少一次误会与是非的轮回。

有一句俗语说，眼见不一定为真。很多事情并不是你看到的那样，也并非你想的那样。如果你真的关心那些人与事，用心关注和守候，比你因猜忌而使自己愤怒要强。对于那些并没有完整经历过的事情，没有完全了解过的因果，没有完全理解和包容过的人与事，如果你还做不到完全的信任，那么请保留自己的意见。当你想对一些事情置以否定的态度时，请告诉自己：与其否定，不如祝福。

心理学家指出，习惯于否定的人，总是置自己于烦恼和痛苦之中。与其如此，不如默默地为你眼前所发生的事件一个祝福，一切便都会美好起来。

希望我们不要在恍然大悟之后，追悔莫及。减少误会、是非、恩怨的蔓延，减少自我的烦恼、痛苦和盲目。

第四章

·

驱散焦虑，用行动去
滋润你的日子

让自己沉浸于某一行动中，是缓解焦虑情绪的一种有效良方。心理学家指出，人在全身心投入行动时，就会无暇去顾及内心的焦虑。另外，人一旦停止焦虑开始向前看，就不会觉得痛苦不安了。那个时候，行动会占据你的思想，会让你向未来着眼，一旦你取得了一些成果，你就会获得愉快。所以，当你焦虑时，不妨让自己"动"起来，无论运动也好，大声喊叫、哭泣、深呼吸也罢，都可以让你在瞬间恢复平静，让焦虑情绪随着你的行动而有效地发泄出去。

感到焦虑无助时，就学习吧

不管我们承认与否，在现实中，真正能让我们尽快摆脱焦虑状态的，还是全身心的行动力。正如一句话所说，行动是治愈恐惧和焦虑的良药，而犹豫、拖延将不断滋养恐惧和焦虑。我们每天都在不断地焦虑，担心自己的事业，害怕自己被社会淘汰，担心自己丧失价值，可有多少人真正地认识到这些都是自己的问题呢？计划每天看书，一个月计划看三本，可没看一会儿就可以睡着；计划从此再也不熬夜，但仍旧到深夜时抓着手机不放……就这样，在一次次的自我消磨与浪费中，惶惶度日，哪里来的压力和紧张感。

有句话说得好，当你的才华还撑不起你的野心时，你应该静下心来学习；当你的能力驾驭不了你的目标时，你应该沉下心来历练。很多时候，当你焦虑无助时，恰恰揭示了你人生的短板。我们感到快乐和幸福时，可以稍事放纵，当你感到焦虑无助，这恰是来自上天的信号：该给自己添点料了。而学习，无疑是你抵制无助的最佳"克星"，不妨你来尝试一下：

当听到有人在背后说你坏话，别把时间用在寻仇反击上，跟着电视学一道小菜，便能保证你的餐桌上更有营养，更能引人夸赞；

当被同事抢了功劳，别把时间浪费在咒骂上，先放下手头的工作，约闺密一起去逛街，不一定非要买东西，在商场逛上一天，你就发现，自己的审美品位提升了；

当你被老板无端责骂，别把时间浪费在痛苦揪心上，打开音响学习一支歌曲，当歌唱熟了，心境自然就开阔了。

当你被工作中的难题压得喘不过气时，更不该把时间浪费在买醉上，买上一本书，里面总有几页知识将来有一天你用得到。

当你被朋友误解，不应该伤心、痛苦，而是先放下眼前的一切，去学习一段舞蹈，等舞蹈学会了，你的心结有可能就解开了。

……

所以，在你焦虑无助的时候，与其把时间用在"焦虑"上面，不如去学习一项技能或补充知识，并将它当成一种习惯，时间一久，你的人生会处处开花。

学习是抵抗一个人惶恐无助的最佳"克星"，它能转移你的注意力，帮助你分散对未来的不确定性，并且坚定对自己的自信心，更可以把时间利用到最佳值。无助，可以使人变得更为强大，也可能使人内心越来越自闭，越来越卑微。这完全取决于你，在最无助和恐慌的时候，你在干什么。

人都是容易受情绪所左右的，悲伤、焦虑、烦恼等负面情绪常常会不期而至，如果一遇事便沉浸其中，那么，你将会在坏情绪的泥潭中越陷越深，在这个时候，你能以学习一门业余兴趣，乃至一项小的生活技能来转移自我注意力，不仅控制了自己的坏情绪，避免生活滋生出一些不必要的麻烦和烦恼，还可以获得一项新技能，充实自己的内在，增加你的自信心，它是减轻你对未来的恐慌感的最佳良药。

大胆地将你的"焦虑"说出来

阿瑟·普雷斯德是美国波士顿一家心理医疗机构的医师，在临床中，他经常会发现这样的一些人，他们本身肌体或生理上根本没有什么毛病或问题，但是他们却认为自己患了某种病，感到浑身不自在。例如，某个人总是怀疑自己患上了某种"心脏病"，总是觉得胸闷、喘不上气来；还有一些人总是觉得自己患上了"胃癌"，并因此而痛苦不堪。阿瑟·普雷斯德医生认为他们真正的疾病并不是出自生理方面，而源于心理方面。

为此，他专门为这些人进行了心理疏导方面的治疗，教他们如何调节自己的心态。极为神奇的是，很多人在进行这些心理调节之后，觉得自己浑身轻松，再也没感到有什么病症了。其实，阿瑟·普雷斯德医生运用的主要心理疏导方法是沟通。他告诉那些处于痛苦中的人们，适当地向他人倾诉你的内心，把心底的话说出来，是减轻痛苦的最佳药剂。

　　生活中，那些难以感受到幸福和快乐的人，都有一个特点，就是爱把自己的内心封闭起来，尤其是爱压抑自己内在的情绪。心理学家指出，压抑情绪就是指对自己心理上的束缚、抑制。尤其是对悲伤、忧虑、恐惧等消极情绪的极力压制，会导致人们心情沉闷、烦恼不堪、牢骚满腹、暮气沉沉。不仅如此，还表现为对外面的世界生厌、漠不关心、对别人的喜怒哀乐无动于衷，对什么事情都失去兴趣。成天把自己拘泥在自我约束之中，心头似有千斤重的石头压着，快要窒息，长此以往，就会觉得自己的身体出现了某种病变，从而更加痛苦、消沉，形成一个恶性循环。对此，要减缓这种痛苦或烦愁的情绪，就要学会自我宣泄。当然，要宣泄自己焦虑、痛苦的情绪，除了向人倾诉，还可以尝试运用以下几种方法：

　　1. 用流泪把内心的"毒素"释放出来

　　有些心理类的老师会给学生们上这样一堂课：在课堂上播放悲伤的音乐，在旁边"添油加醋"地劝说，再加上对环境的把控和气氛的制造，来诱发学生悲伤的情感，从而大声地哭出来。学生们哭过之后，浑身上下会感到无比的轻松，心情也随之好起来。

　　其实，哭和笑一样，都是人类的一种本能，是人情绪的直接外在流露，都是我们必须经历的情感体验，都自有它们的奥妙所在。哭泣，无论是身体上还是心灵上，都是一种好的释放。哭泣是造物者赐予我们的天生本领，要好好利用。

　　2. 自言自语也是一种极好的"倾诉"方式

　　生活中，当我们找不到倾诉的对象或者实在难以启齿时，自言自语是最好的解决方式，也是属于一种勇敢的"自救"。心理学家认为，"自言自语"，是恢复心理平衡的一种有效方式。德国的心理学家经过研究认为："自言自语"是消除紧张的有效方法，有利身心健康，是一种简单易行的自我保健方式。

　　3. 阅读积极向上的书籍

　　平时积累一些劝人暖心的名言或者句子，记得把它抄下来，在心情不好或者感到压抑的时候，拿出来看一下。在这些名人警句里，或许可以找到治疗你郁闷的药方，让你心情舒解，让自己彻底快乐和幸福起来。

4. 短暂的旅行，给心灵放个假

在充满压力的生活中，我们时常会感到身心疲惫。短暂的休息也许能让我们疲惫的身体恢复活力，但是精神上的压力却不能有效地释放出来。那么，就不妨来一场短暂的旅行，让自己的心灵彻底得到解脱，只有心灵上真正美好，才会让我们发自内心地有一份好心情。

上面都是一些常用的减轻内心痛苦和忧愁的方法，生活中，我们完全可以将这些运用起来。最后还要提醒你，当你感到抑郁沉闷的时候，一定不要将它憋在心里，而是应将它说出来！

积极去寻求和体验"当下"的意义

你是否有过这样的体验：我们在事情得不到解决的时候，会感到惶恐不安；别人的行为没有按照你的预期进行时，你的情感在得不到满足的情况下，是否会感到气愤、焦躁不安；工作中，我们常会因为上司的一句不经意的批评或同事的一句诋毁而情绪低落，从而郁郁寡欢甚至烦躁不安……我们总是会为这些虚幻的、毫无意义的人、事或物而心生焦虑，对此，我们应调整心态，提升自我认知，从这些虚无的、无意义的情绪中走出来。

著名诗人安瓦里·索赫利在其诗中这样写道："让世俗的万物从你的掌握之中溜走，不必去忧心，因为它们没有价值；尽管整个世界为你所拥有，也不必高兴，尘世的东西不过如此；我们该从自己的心灵之中找归宿，快一些，无物有价值。"它告诫我们，世间的万物皆为过眼云烟，我们无须为所有无价值的东西去忧虑，活在当下，寻求当下的快乐才是生命永恒的真谛。所以，要想从虚妄的焦虑中走出来，就必须以积极的心态去寻求和体验"当下"的意义，即充分地利用当下的时光，将所有的行动都付诸"现在"或"眼前"的事情，将其他的事情统统抛诸脑后。

在美国俄亥俄州有一位老妇人，丈夫在她62岁的时候突然去世了。正当她沉浸于丧失之痛时，接下来一连串的生活打击使她的精神崩溃：首先是她的几个子女为遗产继承问题闹得不可开交，而且相互之间还大打出手。接着是丈夫生前倾尽全力经营的公司宣告破产。为了还债，她不得不卖掉房子以及家中所有值钱的东西。这一系列的不幸，使她早已无法承受，她不知道今后的路自己能否坚持走下去。

于是，她整天都郁郁寡欢，不停地在心中叨念着：我已经62岁了，我已经62岁了！谁都清楚，她是在为自己的未来担心。

她想重新到外面找一份工作，但是当这个念头冒出来的时候，她自己都震惊了：谁会雇用一个老妇人呢；即便有人愿意，一个62岁的老妇人能干些什么呢；即便是能做些简单的活，但是谁又能相信她，给她提供工作的机会呢？

她不停地担心别人嫌她老，担心别人嫌她动作迟缓，担心自己无法承受别人要求的工作强度……这一系列的担心更让她怀念过去，怀念丈夫在世的岁月。由怀念而生悲痛，又重新陷入丧夫的阴影中不能自拔，久而久之，贫穷、寂寞、疾病等全部都被她请进了门。

她不得不选择住院，医生了解到她的情况后，就对她说："你的病情太严重了，需要长期的住院治疗。但是你又没钱……我看这样吧，从现在开始，你可以在本院做零工，以赚取你的医疗费用。"

她就问道："我能够做什么呢？"医生说："你就每天打扫病人的房间吧！"

于是，她就开始手握扫帚，每天不停地忙碌着。慢慢地，她的内心就恢复了平静：反正没有比这更好的活法了，而且就目前的情况来看，自己似乎根本别无选择。她开始不停地忙碌起来，每踏进一间病房，她就开始目睹一次他人的病痛与灾难，心也就开始豁亮一次，因为她觉得自己是所有病人当中情况最好的。渐渐地，她也不再担心什么，因为实在太忙碌了。对她来说，担心反倒成了一种极为奢侈的情绪，因为它需要闲暇。

疾病和寂寞被驱除，剩下的就是要花力气解决贫穷问题了。为此，当医院让她"出院"时，她就恳切地说服院方让她留了下来，她就继续在保洁员的岗位上又做了三年。由于她经常接触病人，她对病人的心理也了如指掌。三年后，她就被院方聘任为心理咨询师。疾病、寂寞早已离她而去，贫穷也开始向她挥手告别，她觉得自己新的人生要开始了。

在她 72 岁那年，已经有了这家医院 51% 的股份。她的办公室的墙上有这么一句话："昨天的痛，已经承受过了，有必要反复去兑现吗？明天的痛，尚未到来，有必要提前结算吗？只要肯用行动充实生命中的每一个'今天'，勇敢向前，机会就在柳暗花明间。"

"昨天的痛，已经承受过了，有必要反复去兑现吗？明天的痛，尚未到来，有必要提前去结算吗？只要肯用行动去充实生命中的每一个'今天'，勇敢向前，机会就会在柳暗花明间。"这段话说得真是太棒了，无论你是哪个年龄段的人，这段话都可以提醒你，让你时刻用行动去扫除内心的种种忧虑，着重过好眼前的每一个"当下"。

对于"当下"，心理学中有这样的说法，当下的结果就是所有一切过去唯一的意义和价值，也就是如果说过去有任何的意义和价值的话，那么其唯一的意义和价值就是创造了我当下的结果，那么我们就立足于当下，我们活在当下，就是对于所有一切的过去最美好的认可和回报。

真正的"活在当下"的目的是让注意力完全聚焦于"当下"，不受忧愁、焦虑、痛苦等不良情绪的影响。同时，在任何时候，都不要对已经发生的事情感到懊悔，也不对未来还没有发生过的事情而担忧。当你需要集中注意力去做一件事情的时候，如果思绪时不时地飘在对过去的感受和想法之中时，就让注意力的焦点放在一呼一吸的当下之中，便可以感受到自己真实的存在。

当你真正地将自我注意力聚焦于当下，知道自己在干吗，看着一棵树、一朵花，知道这棵树和这朵花给自己带来的感受时，那你的焦虑便会烟消云散。

让运动驱散内心的郁闷情绪

很多时候，人的焦虑不安是因为内心的郁闷积压得太久的缘故，比如长时间的生活在工作重压之下，人就会变得抓狂，焦躁难安；长时间的被一件事所折磨，内心就会变得抑郁。对此，要将积压在内心的抑郁情绪释放出来，运动是不错的一种方法。俄国大文豪屠格涅夫曾告诫他人：当人在焦虑不安的时候，在开口前把舌头在嘴里转上十圈，怒气也就减了一半。所以，当你感到不痛快的时候，可以做一些你喜欢的运动，这样既可以宣泄负面情绪又能够避免伤及他人。

汪女士是公司的一名中层管理人员。她说平日里与人应酬实在太累，赶上节假日，她就来到瑜伽馆练瑜伽。在练瑜伽的过程中，她体会到了其中的乐趣，一方面，锻炼了身体，另一方面让她暂时忘却了工作中的烦恼。

佟小姐有空时会去郊区练习攀岩，在这项运动中，她坦言，自己最大的收获是：在毅力即将达到极限时，成功也随之到来。她说，再回到工作中去，她不会像以往那样踟蹰不前，不会瞻前顾后，因为没有太多的时间允许你犹豫，也没有什么事情不可以做。只要去实践，肯定会有收获，并且经过尝试，最终都会成功。

另外，法国出现了一种新兴的行业：运动消气中心。中心均有专业教练指导，教人们如何大喊大叫、扭毛巾、打枕头、捶沙发等，做一种运动量颇大的"减压消气操"。这些运动中心里，上下左右皆铺满了海绵，任人摸爬滚打，纵横驰骋。事后，那些参与的人情绪都得到了明显的好转。

上述三则事例都向我们说明了同一个道理：运动是释放不良情绪的一剂良方！运动确实能减压，如下一则实验说明了这一点。

研究中，科学家以老鼠为研究对象进行了两项实验。

实验一：他们首先将被选入实验中的老鼠分为两组，让其中一组老鼠跑来跑去，进行运动，而另一组老鼠只是静静地待着，不进行任何运动。然后分别测试它们的脑细胞变化情况。

测试结果发现，进行运动的老鼠，其脑内的 5－HT、多巴胺及去甲肾上腺素（被称为天然的抗抑郁药物）的水平较高。

实验二：接着科学家又进行了另外一项实验，他们将这组运动过的老鼠置于一个冰冷的洗浴池，用来制造一个充满压力的环境。

压力的负作用之一就是会耗竭体内的 5－HT 的储备。实验结果也正如他们所预期的那样，进行过运动的老鼠在压力环境下，其大脑的某个区域诸如 5－HT 之类的活性物质也得到迅速释放，以此应对压力达到平衡。

这说明，运动过的小鼠能够更好地应对压力，而且这一现象也同样出现在人类身上。

另外，从医学角度而言，运动之所以能缓解压力，让人保持平和的心态，与腓肽效应有关。腓肽是身体的一种激素，被称为"快乐因子"。当运动达到一定量时，身体产生的腓肽效应能愉悦神经。适当的运动锻炼，还有利于消除疲劳。那么哪些运动能减压呢？

通常来说，有氧运动能使人全身得到放松。想通过运动缓解压力，可以参加一些缓和的、运动量小的运动，使心情先平静下来，如跳绳、跳操、游泳、散步、打乒乓球等。另外，为了达到放松身心的作用，可以选择自己喜爱的、能产生愉悦感的运动，这样效果会更佳。在通过运动来排解不良情绪时，需要注意如下两个方面的问题。

1. 不要带着情绪去做剧烈的运动。如果带着太大的压力和不良情绪去锻炼，在锻炼中思绪杂乱，注意力不集中，反而会影响锻炼的效果。比如有人刻意去做一些激烈的、运动量大的运动项目，认为出一身大汗，压力和不良情绪就会全部释放出来。其实效果恰恰相反，这种激烈且大运动量的锻炼，加上原来紧张的精神，不但会造成身体疲劳，排解不了压力，情绪也反而会更坏。

2. 运动宜适度。运动需合理把握时间，不要一次把自己累到不行，过量的运动会透支我们的体能，并且还有可能引发相关的疾病，这样就得不偿失了。

尝试"森田疗法"来扫除你的焦虑感

要祛除焦虑、平衡情绪，森田疗法是我们该尝试的一种方法。森田疗法是一种顺其自然、为所当为的心理治疗方法，该方法主要适用于由压力带来的焦虑症、恐惧症、强迫症、疑难症、神经性的睡眠障碍等症状。

作为森田疗法的创始人森田正马教授个人认为，有焦虑症、恐惧症、强迫症、神经性的睡眠障碍等症状的人常常对自身身体与心理方面的不适感极为敏感，他们的内省力很强，且很担心自己的身体健康。他们常将一些正常的生理变化误认为是病态，过分地关注自己与周围的事情，所以常使自己陷入焦虑之中。这些人如果能够顺其自然地接受与服从事物运行的客观法则，正视自身的消极体验，客观地接受各种症状的出现，将心思放在应该做的事情上，这样他们的心理动机冲突就可能要排除，痛苦也就自然能够减轻。

森田正马曾经对自己的这种心理疗法有深刻的体会。

森田正马出生在日本一个农民家庭。小时候，他是一个十分聪明的孩子，当地人都称他为"神童"。然而由于父母对之要求过严，使他一度地厌恶上学，以至于在学校的成绩平平。他天生敏感，在10岁的时候因看到寺庙中色彩斑斓的地狱绘图，就经常产生对死亡的恐惧感，夜间常常会难以入眠，也常被噩梦惊醒。由于天生敏感，在25岁的时候，他被诊断为神经衰弱症。对此，他非常苦恼，因为当时刚好他要参加假前考试，如果考不过的话，将必须补考。

当时亲友们都劝他参加考试为妥，但是父亲当时也有两个月没给自己寄学费了。森曰正马对父亲的这种缺乏人情味的行为极为愤慨，并因此放弃了去治病的想法。父亲的行为确实也激怒了他，他认为没有亲人在乎他，不就是个死吗，有什么好害怕的，但是在死前胡乱参加完考试也不碍事的。这样的想法，使他收到了意外惊喜，他的神经衰弱症不仅没有恶化，竟然考试也考出了非常好的成绩，在229人中，他占到了第25名。

自那次考试之后，森田的头痛消失了，神经症也好转了。

森田在神经衰弱的情况下，没有过多地专注于自己的疾病，顺其自然地参加考试，因而考出了出人意料的好成绩。他如果总在抱怨父亲的无情，疾病的痛苦，那么，只能是自找苦吃。

人本身也存在一定的自然规律，如情绪，是我们对事情本身的自然流露，本身有一套从发生到消退的程序。如果你接受它，遵循它，它很快就可以走完自己的程序，反之则不然。顺其自然就是不要去在意那些有"自然规律"的情绪或者念头。当情绪来的时候，我们需将自己注意力放在客观的现实之中，该工作就去工作，该学习就去学习，该聊天就去聊天，即去做自己应该去做的事情。也许刚开始的时候，我们会感到痛苦，但是只要自己相信它们迟早会自然地消失的，并努力地做好自己该做的事情，那么，这种杂念、情绪就会在我们认真做事的过程中不知不觉地消失了。

森田疗法采取的治疗方式主要包括卧床疗法与日记疗法。

1. 卧床疗法

卧床疗法是森田疗法中最具特点的疗法。主要采用住院的方式。在开始的一段治疗过程中，除了吃饭、洗脸及上厕所外，不允许患者离开床，连读书、看电视、听收音机等都要被禁止，除了查病房的医生以外，不允许其与任何人说话，只准患者躺着想自己的苦恼与痛苦的经历。

通过此种方式可以压抑人们与生俱来的力量，也可以称之为"生的欲望"来发现生命力的存在，体验那种即使有苦恼的事情也毫不在乎的感受，并去除外界的种种刺激，消除苦恼和痛苦。

2. 日记疗法

森田疗法都要求患者记日记，患者必须要将写着每天行动内容的日记拿给治疗者看，同时要将笔记本的三分之一区域空出来供治疗者用红笔做批注。比如：患者在日记中写道："今天我因为担心心脏不舒服，不工作了，需要休息！"医生会批注："不可逃避，要不去理会不安的心情，要继续工作。"或者写道："恐惧突然来临了，回避的话，你将会越来越痛苦。"等等，通过写日记，治疗者可以掌握患者日常生活的具体情况，再将它导入治疗中去，也可以让治疗者去具体指导患者的具体行为，帮助患者树立以情绪为中心的心理状态转变为以行动为中心的处事态度。

在日常生活中，一些患者也怕麻烦或者过于忙碌，拒绝去写日记，想省掉日后给医生看着麻烦，甚至想敷衍了事，这是十分不恰当的做法，采用正确的方法才可以让你尽早脱离疾病的苦恼。

听笑话：用笑声来驱赶你的焦虑情绪

著名的化学家法拉第早年因为努力钻研科学，所以经常会感到头痛，找了很多医生都没能治好他的病。有一次，他在头痛的时候听到家人讲的笑话，他笑得前仰后合，头却不痛了。随后，他就给自己拟定了一个治疗计划：看喜剧片—吃饭—睡觉。经过一段时间的"治疗"，他的头痛病就不药而治。

笑对人的身心健康有着十分重要的作用。西方有句谚语："一个小丑进城，胜过十个医生。"主要是指，小丑给大家带来了欢笑，欢笑对人的身心健康的重要性已经胜过了十个医生对人的帮助。《圣经·箴言》上说："笑可以像药一样对人们的身心产生有益的影响。"著名作家伯尔尼·希格尔也称笑为"人体的内部按摩师"。他说："人在笑的时候，其胸部、腹部与脸部的所有肌肉都能够得到轻微的锻炼，可以让人心情变得开朗，让负面情绪远离自己。"

心理学家指出：人在处于愤怒、焦虑、紧张等不良情绪下，机体就会分泌出过多的肾上腺物质，使人的心跳加快、脏器功能失调。而如果此时能够改变心态，让自己笑起来，快乐起来，身体便会立即松弛下来，人体的各种器官都会趋向良性，压力所带给人们的焦虑、抑郁等负面情绪便可以得到缓解。所以，笑是一种非常有效的减压良方，也是驱赶你内心焦虑感的有效方法。

韩雪在上海一家外企工作，性格比较内向，还有些完美主义倾向。她有很强的事业心，为了尽快升职，她就强迫自己成为"工作狂"，基本没有什么业余时间。他们部门只有十几个员工，上班在同一处工作，下班都在职工公寓，都没有什么私人空间，大家经常也会为了工作上的事情天天争吵，这让韩雪烦不胜烦，心里感觉特别郁闷。

有一次，她利用午餐时间去单位旁边的银行办业务，当时等候的人很多，她就坐在等候区的长椅上休息。当时银行大厅前的大屏幕上有一个喜剧广告，那夸张的造型与单纯且又富有哲理的对话，让韩雪禁不住笑出声来，暂时忘却了工作的烦恼。此后，每到中午休息的时候，韩雪就会到网上找点喜剧性的搞笑短片看。时间一久，她发现短短几分钟的心理调节，开心地笑几次，对减轻她工作中的压力很有帮助，慢慢地，她觉得自己也变开朗了许多。

笑的确是一副减压剂，它可以振奋人的精神，缓解人紧张和焦虑的情绪，会像魔术一样让心底的郁闷与不快消失得无影无踪。所以，在生活中，有太多的事情需要我们去认真对待：工作、健康、家庭关系等，我们如果能够时常开心地笑一笑，那么精神负担也就不会那么沉重了。

在生活中，让自己开心笑起来的方法有很多，下面向你推荐几种：

1. 看漫画

对于上班族来说，可以在自己的办公桌前放几本幽默的漫画书，在精神压力大的时候或者是空余时间随便翻阅一下，更可以消除烦恼。

2. 看喜剧电影

富有哲理的情节，夸张的造型、搞笑的动作、幽默的语言，会让你狂笑不止。在工作之余，你可以多看看喜剧电影，会让你立刻忘却工作烦恼。

3. 和同事们讲笑话

在工作之余，可以与同事们一起讲讲笑话，不仅可以缓和与同事之间的关系，也可以为自己和大家减压。为此，你自己平时可以多看看笑话书籍，并用心记住一些，可以讲给同事们听，也可以让自己常开心。

其实，生活中处处都充满了快乐的因素，只要你愿意改变一下你的心态，你就会有一双发现快乐的眼睛，这样你便发现自己正生活在快乐之中。除了看漫画、看喜剧电影、讲笑话之外，还可以去跳舞、与朋友一起做些娱乐活动等，让自己笑起来，快乐起来。

运用"音乐"来滋润你的心灵

听音乐也是一种有效祛除焦虑的方法之一。一位哲人说，音乐，是化了妆的灵丹妙药，是一种可以唤醒灵魂的巨大力量。人在绝望时，一首好听的音乐可以让人振奋精神，对生活产生积极的态度；焦虑时，一首好听的音乐如温柔的手一般，可以抚平焦躁的心绪。

在工作中，当压力袭来，当我们深陷在狭小的意识之中不能自拔时，此时好的音乐则可以让我们在潜意识的宽阔空间中忘却烦躁，放弃意识对现实情况的偏执，从而解脱精神痛苦。音乐，是人类的朋友，是保养心灵的良药，是化解心灵障碍的最佳疗法。在心理学中，音乐疗法是自然疗法的一种，它可以提高大脑皮层的兴奋，改善人们的情绪，激发人的感情，振奋人的精神。同时有助于消除由于心理因素、社会现实因素造成的紧张、焦虑、忧郁、恐怖等不良的心理状态，提高应激能力。

奥菲斯有一次随阿果号出海航行，在途中遇到了美丽的尤丽狄丝，并和她结为夫妻。然而他们的恩爱生活十分地短促。婚礼过后不久，尤丽狄丝与朋友在草地上嬉戏时，不幸被一条毒蛇咬伤了，蛇的毒性极强，尤丽狄斯立刻就丧命了。当时，奥菲斯十分难过，他根本无法忍受失去妻子的痛苦，于是，他就决心冒险，到冥府去将心爱的妻子带回人间。

奥菲斯一路弹着他的七弦琴，踏上了可怕的地狱之旅。七弦琴的音乐使所有的鬼神都沉醉在他的音乐之中。而当他来到冥河之时，送死人渡河的船夫对他说："你有影子，不是死人，我不可以放你过河。"

但是，当奥菲斯再次拿起七弦琴时，悲伤的琴声使船夫迷失在了他的音乐世界之中，自动送他渡过了河。就这样，奥菲斯用充满感情的七弦琴，顺利通过了通往地狱的关卡。

最后，奥菲斯见到了地狱的主宰者，并向他哀求说："冥府的主宰，请放了我的妻子尤丽狄丝好吗？我与她刚刚结婚没几天，她就被毒蛇咬死了。如果没有妻子，我根本活不下去，还是请让她回到我身边吧！"

奥菲斯的深情与优美的琴声使地狱众臣深受感动，地狱主宰者最终将他的妻子放回。

音乐可以向人们传达丰富的情感信息，它可以撼动人的心灵，使人向善良的方面发展。同时，在日常工作和生活之中，音乐有助于释放情绪，提高自我表达能力；它还可以帮助人们减压、排忧解困；同时，还可以改善人的情绪，提高情商；可以改善人际关系及处事的技巧；改善人的学习兴趣，提高身体的灵活性；增强人的专注能力，强化人的个性气质；加快自我成长，提升自我价值，确定人生方向，等等。

音乐可以在人的心灵中产生最为积极的因素，使人内心的杂乱无章与其一起共振，使我们的压力在不知不觉中得以缓解。据研究，某些音乐特有的旋律与节奏具有降低血压，减慢基础代谢与呼吸速度的作用，使人在压力之下显得较为温和。

从物理方面讲，音乐可以直接在人体内产生共振效果。因为声音是一种振动，而人体本身也是由许多振动系统构成的，如心脏的跳动、胃肠的蠕动、脑波的波动，等等。当音乐声与体内的器官产生共振时，就会在人体内分泌出一种生理活性物质，调节人的血液流动与神经，让人充满朝气，富有活力，这都是音乐的神奇作用。

对于身体有恙的人来说，每天选择在音乐中打坐、冥想，并且同时进行康复锻炼，会改变人的精神面貌，改善不良的情绪。音乐尽管有减压之效，但是，在选用音乐时也要根据自身的实际情况选用才行，否则，就不一定能起到减压的作用了。

1. 好音乐因人而异

在生活中每个人的音乐欣赏习惯不同，生活经历中的体验也不同，因此对音乐的选用和联想的内容自然也不同。

比如，心情忧郁的人可以选择听一些"轻松感"的音乐；性情急躁的人则可以选择听一些节奏慢、发人深思的音乐，如古典交响乐中的慢板部分等；对于悲观、消极的人则宜多听洪亮、粗犷与令人振奋的音乐。这些乐曲可以使人充满坚定的力量，使人充满信心，振奋精神；对于患有原发性高血压病的人，则适合听一些抒情的音乐，等等。当然了，职场人士可以根据自身的实际情况，选择能够减压的音乐。

2. 轻音乐，带你走进自然之中

在工作中，喧嚣的环境是产生压力的重要因素，所以，我们在平时的工作中应该多听些"静"音乐，可以使人在混乱、嘈杂的环境中安静下来。

每天可以抽出一定的时间冥听10分钟的轻音乐，让自己的心灵享受安静，并心平气和地投入工作之中，去为人处世。

3. 让爱在音乐中变平静

爱本身就是音乐。音乐中有爱人的影子，然而在音乐中，我们的情绪会变得模糊。好听的音乐可以抹去时间，可以让一个人的思维停留在一张纸上，安安静静地平躺在上面，去思念我们的爱人。

好的音乐会让人产生好的情绪，而好的情绪可以让我们忘却内心的恐慌，会使失去的爱情和亲情停留在心中，它不会让你为爱牵肠挂肚，而是在音乐的节奏中让内心变得更为圣洁。

音乐是对心灵渴望的另一种补偿，曾经的爱人就藏在音乐中。当音乐响起，心灵就会虔诚起来，音乐中你们可以相依相随……

瑜伽：一种神奇的减压方法

生活中，瑜伽运动也是一种神奇的舒解焦虑情绪、减轻压力的方法。"瑜伽"一词起源于印度，是梵文的音译。代表联结、控制、稳定、和谐、平衡、统一。瑜伽训练主要采用呼吸、打坐来调节身心，改善人的体质，增强人体免疫力，有效地缓解精神压力。

瑜伽是一种身心兼修的锻炼方式，可以健美、修心、养性，可以使人的心灵与身体、精神达到高度和谐的状态。在现代社会，它不仅是一种运动方式，更是一种健康的生活理念和生活方式。在《瑜伽经》中这样说："对心灵的控制就是瑜伽。"由此可见，瑜伽最终调节的不在于人的身体，而在于人的精神层面。所以，我们平时可以通过瑜伽来调节精神，缓解我们急躁的情绪，让我们生活在更为健康的生活方式之中，并以积极乐观的心态过好每一天。

34岁的刘容是一家著名企业的中层管理人员，脾气暴躁，还有些自负。在工作中，她时常感到自己的压力很大，经常会为这样或那样的事情焦虑不安，为工作失眠。由于脾气太坏，与周围同事们的关系也很紧张。近五年来，她先后更换了多个工作单位。但是，工作依然很不愉快。长期的精神抑郁，使她患上了失眠和严重的肠胃病。

刘容十分清楚自己的病因，就想着去调节和改正。于是，她走进了心理咨询室。针对她的情况，心理医生建议她调整心态，利用工作之余去练练瑜伽。刚开始，她练习瑜伽是为了治疗失眠。因为平时工作压力太大，每天只要躺在床上，工作的事情就会在脑子里转，怎么也睡不着。她就买了练习瑜伽的视频，每天晚上总要练习一会儿。一段时间后，她自己感觉心变得平静了，晚上也不会再去想工作上那些乱七八糟的事情了，就自然能睡着了。

此外，几个月后，她的工作状态也有了好转。除了能休息好，她好像把一切事情都看开了，并且能心平气和地和同事交往了，周围同事都说她像变了个人似的。

瑜伽并非是能治百病的灵丹妙药，但可以改善你的不良情绪。瑜伽能让人从烦躁不安之中快速地安静下来。当心平气和时，情绪就会向好的方向发展。久而久之，它就会悄悄影响人们的处世方式，不再让他们为工作上的事情而郁闷，心情也舒展开放、海阔天空。

在工作中，要让烦恼和压力不予存在，就需要适时地净化你的心灵。而瑜伽就是一项净化心灵的动运。瑜伽练习者如果将意识集中于肢体的伸展运动方面时，人体内就会产生一种让人心情愉悦的"脑内啡肽"，让人有效地释放负面情绪，并让人的正面情绪达到"身松心静"及"身心合一"的境界。同时，瑜伽的腹式呼吸法可以强化腹腔内脏，控制呼吸的快慢可以调整紧张的神经，控制人的心跳频率，最终达到缓解压力的作用。

既然瑜伽有神奇的减压功效，职场人士在压力大时，不妨尝试练习一下。当然了，下面为职场人士介绍几个具有排压作用的简单的瑜伽动作。

1. 站立祈祷手式

排压作用：它可以刺激人体的胃部消化，促使横膈膜不断振动，以致人体的交感神经与副交感神经正常动作。同时也可以温暖脊柱，放松肩部、增加肩颈的柔软度，保持头脑的清晰。

动作要点：双脚并拢，双手贴于体侧。同时，掌心朝前、收腹、提臀、挺胸、压肩、收下巴。面部保持微笑。吸气，双手合十于腹部，并缓缓向上移动至胸前。再吐气，手肘抬至与肩同高，然后双手掌进行互推。再吸气，吐气，同时双手由手肘带动向右边推，手肘以不超过肩膀为准，并保持与肩同高做延伸，同时，头颈向左看，保持做 3 个呼吸。然后，以同样的动作，换侧重复。

2. 站立扭转三角式四十度

排压作用：可以除去骨脏的脂肪，强化人体背部肌肉与手臂、颈部的线条，滋养脊柱。可以调整因久坐而造成的坐骨神经麻痹、疼痛，同时还可以强化脚踝功能，刺激人体腰椎血液循环，预防痛经或者是经血过多的症状，活化卵巢，滋养子宫。

动作要点：站立，双腿分开要大于髋宽。吐气，双脚跟开始慢慢往外移，同时并保持脚侧边为直线。吸气，微微蹲坐并保持与背部成一条直线。再吐气，屈髋，臀往后坐延伸。同时手肘与肩背部要保持一线，头与尾椎也要保持一线。下巴微扣，眼睛凝视前方，面部保持微笑。再吸气，双臂贴靠双膝内侧，再吐气，吸气，左手慢慢地放于腰部，右手要保持在右膝内侧。再吐气，转腰，肩保持下压，同时要协助肩膀向后做原地扭转运动。同时，脖子要往后转。吸气，左手臂抬起后并保持与肩同高，眼睛向拇指方向看去，呼吸最好保持在5次以内。

3. 大树式

排压作用：锻炼身体的平衡感，放松精神并能保持平和的状态，可以增强自信心，强化人体的骨骼，预防骨质疏松，活化内脏。

动作要点：贴于体侧。同时，掌心朝前，收腹、提臀、挺胸、压肩、收下巴。面部并保持微笑。吐气，双手慢慢置于髋部，右脚贴紧地面，脚尖向前保持平稳。吸气，左脚慢慢地抬起靠在右脚膝盖内侧，双手合十于胸前。如此保持4次呼吸。

对于以上的三个动作，处于焦虑中的人可以利用工作休息之余练习一下，可以有效地调节生理平衡和心理压力。

SPA：一种时尚的身心"排毒"良方

SPA（水疗）也是一种非常神奇的舒缓焦虑情绪、减压的妙方。在现代社会，它不仅是一种美容方式，也是一种身心"排毒"的良方。它不仅可以消炎、抑菌、活血脉、消除疲劳等，还可以缓解人的精神紧张、消除烦恼、焦虑等。

SPA主要是指人们利用天然的水资源，并结合沐浴、按摩和香薰来促进人体的新陈代谢，利用疗效音乐、天然的花草薰香味、美妙的自然景观、健康的饮食、轻微的按摩呵护与人内心的放松来分别满足人的听觉、嗅觉、视觉、味觉、触觉与冥想六种愉悦的感官的基本需求，使人达到一种身心畅快的享受。SPA 除了能通过基本的皮肤洁净与身体按摩外，更强调人与周围环境的互动与契合。它主要涵盖四大精神：营养、身体的运动、心灵的释放、全身的保养与调理。

在现代社会，SPA 尤其对白领女性而言，不仅是一种时尚的美容方式，更是一种缓解精神压力的妙方。

齐芳是"海归"一族，目前是北京一家著名私企的高层管理人员，平时工作压力很大，时常感到疲倦。她的薪水很高，但是超负荷的体力与精力支出让她背上了巨大的精神压力。

有时候，齐芳也会与同事们一起打球、下棋、游泳等，但是她觉得这些运动项目需要很多人参与才有意思。后来，随着压力的不断增大，她也尝试了很多其他的减压方式，但都没有收到好的效果。每天的工作时间又很长，她需要的是一种能从体力与精神上双重放松的减压方式。

有一次旅行时，听朋友说 SPA 在当地非常受人欢迎，而且那里的 SPA 种类别具一格，所以就与朋友一同去尝试了一下。刚进 SPA 所，齐芳就被其中美妙的氛围所陶醉：轻音曼妙、天然的花草香袅袅地升腾在雅致空间里，她能够感受到水滴、花瓣、绿叶、泥土的亲抚，呼吸着来自原野植物所散发出的清新气息，一切好像都归于了平静。她感受着美疗师温柔手法的呵护，思绪犹如天空中飞翔的鸟儿般自在，一切烦忧尽消。

当她走出 SPA 所时，一日的倦容早已消失殆尽，精神格外的轻松。后来她就为此着迷了，成为她的主要减压方式。

齐芳从 SPA 所美妙的氛围中，体验到了不同凡响的身心的超脱，疲惫的精神很快得到改善，倦意也全消。

有人将 SPA 称为是一座补充能源的"身心美容充电站"。随着时代的不断发展，人们赋予了 SPA 更新的方式和更丰富的内涵。现代 SPA 主要融合了古老按摩传统与现代高科技的水疗法，已经成为现代都市人回归自然、消除工作压力、休闲、美容于一体的时尚健康生活理念，配合着五感疗法，无论是舒缓按摩、美容还是温泉水疗，但凡与缓解压力、舒缓身心有关的活动，都可以称之为 SPA。

现代 SPA 的方式是多种多样的，职场人士可以完全在家享受。下面为大家介绍两种可以消乏减压的家庭式 SPA 方式。

1. 中草药浴盐 SPA

功效：主要能除菌、消炎、解乏减压，增强足部的底气。如果你是个户外工作者，比如摄影师、记者、市场调研人员，或者销售人员，长时间在外站立奔走，容易因体力疲惫而感到心烦气躁，而中草药浴盐 SPA 可以通过补充人体脚部的精气使人充满精神，舒缓压力。

中草药浴盐 SPA 的配比方式：①适量的当归，可以活血通络，解除体内的郁气；肉桂则可以温肾助阳，消除人体腰部的疲劳；藏红花有止痛效果，是极好的足疗原料，可以增强足部精气，达到消除疲劳的作用。②将这些中草药配好后，双脚浸泡其中约半个小时。同时，双脚要互相摩擦，或者你可以用五指穿插在脚趾中间，并用力向外拉伸脚趾，就可以起到非常好的舒缓压力的效果。

2. 温泉浴盐 SPA

功效：主要能够解除腰颈的酸乏，它可以通过活络人的筋骨，增加人体的血液循环，极好地解决白领人士亚健康的生理或心理问题。

温泉浴盐中主要含有镁盐、钙铁盐、锌盐等多种的矿物质成分，如果你睡眠不好，容易疲劳，经常感到心烦气躁、焦虑、精神紧张等，温泉浴盐便可以使你的这些问题得到舒缓。

配比方式：①根据水量将温泉浴盐放入洗澡水中溶解，并且边放边搅动。可以将水温调到 38~40℃，因为人体最喜欢这个温度。在这个温度下，也可以使浴盐的功效发挥到极致。

②在泡浴之前，先用淋浴将身体洗干净，这样，就可以帮助你的身体更好地适应水温。泡浴时间一般在 20~30 分钟为宜。在浸浴时，你可以将手扶在浴缸边上，腰背慢慢地向后面仰，反复呼吸，可以帮助你有效地减除腰背肩酸之苦。呼吸时，你的每个毛孔都好像在呼吸，可以有效地排除

内心的烦躁、缓舒心理紧张、焦虑等不良情绪。

③温泉本身的矿物质也会透过表皮渗入身体皮肤，能够起到十分好的美肤作用，特别适合现代白领人士。

以上两种简单的家庭 SPA 水疗方法，职场人士可以尝试。但是在做 SPA 水疗时还要注意几点：当你有严重的心脏病或者癫痫病时，不可做水疗；高血压病患者水疗时，水温必须要低一些；低血压患者久泡后，起身时应特别注意安全；身上有伤疤，女性在月经期或者怀孕之时，最好都要避免做水疗。

第五章

再强大的焦虑，
都会在自律前甘拜下风

　　生活中，多数的焦虑源于对"不确定性"的担忧，而自律则是对抗人生各种"不确定性"的良方。这里所谓的自律，是指在没有他人现场监督的情况下，通过自己要求自己，变被动为主动，自觉地约束自己的言行，合理地管理自己的欲望，为凌乱不堪的生活建立一种"秩序感"，为不可预知的人生赋予一种良性的"确定性"，从而从根本上消除焦虑。正如美国作家M.斯科特·派克所说："自律是解决人生问题最主要的工具，也是消除人生痛苦最重要的方法。"所以，生活中，当你为自己的健康担忧时，那就给自己制订一份运动计划表，并严格地执行下去吧；当你为自己的前程感到焦虑不安时，那就持续性地去学习吧……可以说，让你焦虑的人生重重难题，大都可以靠自律来解决。为此，要平衡内在的情绪，有效地祛除焦虑，那就从自律开始吧！

克服拖延：多数的焦虑源于不够自律

生活中，有一种焦虑是因为拖延症带来的，比如看着自己日益肥胖的身形，医生拿着体检报告告诫你要注意控制体重，注意饮食，可你却总是管不住自己的嘴巴，放不下手里的高热量零食，将减肥大计一拖再拖，并且在拖延中为自己的健康焦虑不已；总想着出去走走，很向往别人看过的风景，却整天抱着手机在家宅过一个又一个周末，每次过后又后悔不已，在了无生趣的生活中不断焦虑……每次列好了计划，却一拖再拖，使当下的自己毫无改变，于是便在焦虑中痛苦、悲伤、无助乃至绝望。在现实中，我们可能都听到过类似的抱怨："拖延症晚期，我快要疯了，每天都在焦虑中煎熬！""后天就要交报告了，怎么办，还未做完"……《拖延心理学》中有这样一句话：拖延就像蒲公英。你把它拔掉，以为它不会再长出来了，但是实际上它的根埋藏得很深，很快又长出来了。

你是否也有过类似的经历：你正端坐在电脑前一本正经地看工作报告，放在旁边的手机突然收到微博提醒，于是，你便解锁并且读了起来。发现不是什么重要的新闻，你便顺手打开朋友圈，看看其他人的新动态。你开始慢慢地往下翻，有的给朋友点赞，有的给个评论。一会儿，你又看到自己关注的公众号里有一些有趣的文章，便又津津有味地读了起来。

等你做完这一切后，看了下时间，发现已经过去一个小时了，工作报告刚看了一点儿，报告回复无法下笔，于是你便开始焦虑起来。

在这个大屏智能手机时代，信息大爆炸，让我们根本难以放下手机，甚至连上厕所都要带着手机。从一个社交软件到另一个短视频软件，一个网页到另一个网页，时间碎片化、深度阅读与思考力的缺失，让我们不停地浪费自己的时间与注意力，将正经的工作或事情抛诸脑后，在拖延中焦虑，同时又在焦虑中拖延。

"明明知道那么多的工作摆在眼前：摊开的文件、散乱的衣橱或者只是一个该打的电话、一封该发出去的邮件，还有让自己焦虑不安的小心脏，可我总是边咬着手指边想，再等一会儿，就一下下就……"

"我每天都很焦虑，给自己制订了学习计划，下定决心一定要自律起来，每天都惦记着计划中的事，却又不停地玩手机到半夜，该怎么办？"

我们多数人的焦虑，都是因为拖延的后果，并且拖延还让我们错失成长的机会，让订的计划成为泡影，进而对未来感到越来越恐慌，焦虑的情绪也越来越重。

所以，要祛除因为拖延而滋生的焦虑情绪，就要着重治疗自己的"拖延"毛病。可是，人为何会拖延？每一种行为的背后，都隐藏着深刻的心理根源，只有了解这些根源后，才能控制拖延行为的发生。实际上，人拖延的最根本原因主要有两种：

其一，太过追求完美，希望能将事情做好，却害怕失败，因此迟迟不肯迈出第一步。比如，你想写一篇文章，但迟迟下不了笔，每次一开头，便觉得不好，会产生自我怀疑——这样开头会不会太俗气了？这种毫无吸引力的开头，读者会不会看不下去？因此你的大脑中开始逃避手中的任务，而开始刷微博、跟人闲聊来分散眼前的压力。就这样，在自我否定中度过了一个下午，到最后什么都没能写出来。心理学家尼尔·弗瓦尔说："人们拖沓的主要原因是恐惧。"我们总是担心被他人评判或者自我评判，害怕自己的不足被人发现，害怕付出最大的努力还做得不够好，害怕达不到要求。要治疗这种拖延，就要祛除自己完美主义的倾向，做事之前可以先列计划，根据自己的计划稳步地实施。

其二，对某件事的拖延源于内心对它的排斥。如果我们不喜欢某件事或某个人，就会对这件事或这个人抱以消极怠工的态度，是反抗的一种形式。拖延实际上是隐藏在我们人类身上的一种本性，避苦逐乐也是一种本能，尤其是当我们学习新知识，进行一项有挑战性的工作时，这类任务会让我们大脑的某个部分发出疼痛的信号，我们便会不由自主地想将任务滞后，选择"待会儿再说"。所以，要摆脱这种拖延，我们不妨从以下几点出发：①为工作或学习创造良好的环境氛围。在做一项重要任务的时候，找一个可以让你静下来、集中精神的工作区域。比如，你可以屏蔽掉手机上的所有信息，或将手机移到自己的视线以外，清理干扰源，并且逐步培养习惯。②分解任务，立即行动。要通过自律来完成一项任务或达成一项目标，我们可以将它们分解成简单、具体的步骤，按照步骤来完成，并且记录进度，让自己有条不紊地坚持下去。③每完成一项任务，就为自己设置奖励机制，面对失败时定下适当的惩罚。比如"今天未按计划交稿""今天又刷剧到夜里三点。"当你一次又一次下定决心摆脱拖延，却一次又一次地以失败告终时，不要给自己逃避的借口，给自己设置惩罚机制，以督促自己自律，战胜拖延。

自律，可以从根本上消除焦虑

人的焦虑多数时候都是因为遇到难以解决的问题或麻烦而滋生的，遇到问题，如果你一味地躲避，不肯直接去面对，就容易滋生焦虑，而如果你能去勇敢地面对，并通过自律的方式去主动解决问题，那么焦虑也就难侵扰到你了。美国作家 M. 斯科特·派克说："解决人生问题的关键在于自律。人若缺少自律，就不可能解决任何麻烦和问题。在某些方面自律，只能解决某些问题，全面的自律才能解决人生所有的问题。"比如，你每天都为自己肥胖的身形而焦虑，因为它已经严重影响到了你的健康。于是，你想解决"减肥"这一难题，于是，便设定好每天早上去跑步，但你是个早起困难户，在第二天被七点的闹钟吵醒的时候，大脑中给出的直接反应是："今天不出去跑步也没关系，明天一定要起床！"但当你第二次重新面临这种状况时，你的身体已经知道上一次"设定"好的情景，身体会再次重复上一次的经验，把"希望"寄予另一个"明天"。就这样，你因为无法自律，让自己陷入无限的焦虑状态中……而要让自己摆脱这种焦虑的状态，就是要自律，要长期坚持运动，控制饮食。这是唯一让自己彻底摆脱焦虑的良方。

在现实生活中，我们多数的，让我们感到无比焦虑的人生难题，都可以以自律的方式去化解，进而让我们彻底地摆脱焦虑。比如当你为自己的前途而焦虑不堪时，就可以通过给自己制订学习计划，让自己在不断地成长中，达成目标，进而消除焦虑。

《我的前半生》中的"吴大娘"，她在职场上雷厉风行，没有什么对手，这样的人够厉害了吧。但剧中有一个细节，吴大娘临时决定出差，开车从上海到杭州，但在路上不忘把英语的课件打开，听着英语的课程，嘴里跟着学发音。

罗子君感到很诧异，一个50岁的大妈，在职场上已经无人能敌了，还在出差的路上努力自学英语。吴大娘说："小时候没好好学，现在好好学习，一定要多进步，以后肯定有用。"

对于学习这件事儿：普通人是后面有根鞭子抽着，还懒得去改变。但是优秀的人却不一样，优秀的人随时都有危机感，而且保持了求知若渴的态度，并能以强大的自律力将这种状态保持下去，所以，这样的人对自己的前途不会有多大的焦虑感。

早年李嘉诚的英语并不好，李嘉诚说，"别人是自学，我是抢学问，抢时间自学，一本旧《辞海》，一本老版教科书，自学自修。"李嘉诚从早年创业到如今80多岁的高龄，一直保持着学习的习惯——每天晚饭之后，一定要看20分钟的英文电视，不仅要看，还要跟着大声说。

生活中，我们也会发现，那些成功的人，做事总是"有条不紊"，该坚持的一定会去坚持，生活也都极为从容。这样的他们其实已经靠强大的自律力，真正地把握了自己的命运，掌控了自己的人生，最大可能地让自己避免了焦虑情绪的侵扰。

有句话是说，无论外界的环境多么地纵容你，都要对自己有要求。对自己有要求的人，连老天也不忍心辜负。一边随波逐流，一边抱怨环境糟糕，还一边为未来不断焦虑的人，最让人瞧不起！

刚毕业的时候，当大家都在为自己的前途而迷茫焦虑的时候，刘晓则选择到一所中学做实习老师，因为做老师就是她的职业梦想。刚入职不久，刘晓因为出色的讲课能力就成为其他老师学习的榜样。一次，学校安排其他老师旁听她的课，那一节课讲的是古诗，最让那些老师们难以忘记的是她制作的精美的PPT。在课堂上，刘晓就以图文并茂的形式，向学生展现了古诗的优美意境，给人留下了深刻的印象。

课下，其他老师议论道："这位刘老师，对课程真是用心，每次听她的课都能有不一样的收获！""是啊，她对自己的课向来都是以最高标准向学生呈现。"后来，大家也私下了解到，刘晓对工作极为认真，从开始备课，到走进课堂，每一个细节都极尽完美。那些精美的课件都是她花了无数个夜晚精心制作出来的，完美到一张图片应该以何种方式呈现，以及图片里的字体大小，字体颜色都会斟酌到位。

正是她数年如一日地坚持，使她的课程极受学生的欢迎，每个学期结束时，她带的班级成绩都是遥遥领先，让人佩服不已。这完全是得益于她平日工作中，对自己严格要求和对工作的用心。

但凡能在一个行业中立足并且做出成就的人，都不会对自己感到焦虑，他们对自己有严格的要求，这些人大多过得不会太差。反而是那些无论是衣着打扮，还是生活品质，抑或是对日常工作及人生规划都一副无所谓的样子，大多都过得并不体面，私下里多是焦虑缠身。

很多时候，在工作或生活中，每个人都会有两个选择：一是放任自己随心所欲，二是严以律己精益求精。前者比后者过得更轻松些，但如果你想要从容地活着，就必须选择后者。

你可以选择得过且过，放纵自己：早上可以赖床一小时，晚上毫无节制地熬夜刷剧，读书可以拖一个月，减肥可以拖一年，得过且过的工作态度。可你最终收获的一定是：肥胖的身躯、松弛的皮肤、呆滞的目光、空空如也的大脑、拖沓疲惫的脚步，以及丧失斗志和热情的心志，每天都被焦虑所缠绕；当然，你也可以严以律己，约束自己：每天听着闹钟准时早起去跑步，每月坚持读一本书并详细做读书笔记，每天在关注健康的情况下控制饮食，对工作精益求精，哪怕一件小事也要做到极尽完美。你最终收获的一定是：健康的体魄、苗条的身躯、充沛的精力、紧致的皮肤、举手投足间呈现出来的涵养、从容不迫的脚步、丰盈的大脑，以及对生活充满激情和热望的斗志。自我约束，看似是一件不起眼的小事，却能成就一个人，也能摧毁一个人，让人陷入无休无止的焦虑中。

专注，是驱散焦虑的"良药"

所谓的自律，就是通过有效的方法对自我时间、精力进行管理，从而达到既定的目的。有人自律，全靠意志力的支撑，依靠对计划的有效实施，还有的自律，源于对事物的专注。当你对某件事情付出全身心的注意力的时候，焦虑也就不会过来打扰你了。

"欲多则心散，心散则志衰，志衰则思不达也。"而专注于工作或某件你感兴趣的事情，可以砍掉欲念的枝枝蔓蔓，同时，专注工作的人，往往能将时间、精力和智慧聚焦于关键目标，最大限度地发挥自己的才干，即便是遇到阻碍，也不会为之所动、勇往直前，焦虑自然不会轻易来打扰。

在荷兰的一个小镇上，有一位普通的为镇政府守大门的农民。我们都知道，日复一日的守门工作是极为枯燥、无聊和乏味的，但是这位农民却在这里待了整整62年。在这种普通岗位上工作的比比皆是，但是这个门卫正是在这个普通的岗位上做出了不凡的成就，最终成为荷兰著名的科学家，成为微生物学的开山鼻祖，他的名字叫列文虎克。

与普通人不同的是，列文虎克在工作中一不去打扑克消磨时间，二又不泡咖啡馆，更不去喝酒聊天，而是利用无聊时光去打磨镜片。虽然打磨镜片既费时又费工，但他却乐此不疲，兴趣盎然，就在这日复一日，从不间断中，他一直坚持了60年。他磨出的复合镜片的放大倍数超过了当时专业技师的产品。他凭借着自己打磨出的镜片，又潜心研究，终于发明了显微镜，最终揭开了当时科技领域尚未知晓的微生物世界的神秘面纱。凭借着这项伟大发明，他被授予巴黎科学院院士，最终声名大振。有人曾问他："如此枯燥无聊的工作你是怎么坚持下来的？在打磨的过程中，你不会感到焦虑吗?"而他只说出了自己的态度:"我从未觉得打磨镜片是一件无意义的事情,因为它已融入我的生命,成为毕生的信仰,我将从一而终。"

列文虎克的话是一位对生活充满激情者的自白,他专注的精神让他的镜片充满了生命力,也使他的生活变得活色生香。正是这份专注,能让他真正地远离焦虑,或者说,他根本没时间去焦虑,因为他做的就是自己所热爱的事情。

一个有名的神话故事,讲的是一个叫弗弗西斯的神,因为犯了错误,上帝就惩罚他,让他遭受永无止境的苦役:将一块块巨大的石头从奥林匹斯山下徒步推到山顶,但当巨石被推到山顶的时候,它又会自动地滚落到山下,如此,周而复始,这就意味着弗弗西斯永远也不能完成这份任务,永远都要单调地重复令他十分苦恼的苦役。

刚开始做这项任务的时候,弗弗西斯无疑是痛苦和焦虑的,这种苦役式的惩罚,真的让人厌烦至极。可是有一天,弗弗西斯开始全身心地专注于这项苦役,他全身心地关注自己的每一个动作,忽然间发现自己搬动巨石的每一个动作是那么优美,那么和谐。于是,他满意地欣赏并且专注地观察着自己全力以赴的每一个动作,忽然间他的内心产生了一种尊重、满足与快乐感,于是,他内心所有的苦恼、疲惫、绝望统统消失得无影无踪……随后,弗弗西斯专注地欣赏并且享受着这份苦役,于是,他不再抱怨和焦虑了。正在他欣赏自己每一个动作的美感时,奇迹便在他身上发生了,诅咒在一刹那解除,巨石也不再滚回山下,他也从永无止境的苦役中获得了自由。

很多时候,焦虑与痛苦就如一个魔咒一般,如果你去与之抵抗,他便会永久地折磨你,而如果你将精力专注于某项事务上,并懂得去享受它时,所有的焦虑、痛苦便也消失了。所以,专注是驱散焦虑的"良药"。如果你正处于焦虑状态,那就找一件自己感兴趣的事情,学着用专注打磨它,那么,所有的负面情绪便会一扫而散。

当你能够自我主宰，焦虑便难以侵扰到你

晓梅是个新媒体行业中的自由职业者，以码字为生，至今已经有五个年头了。当初她从外企辞职，立志要做自由职业者时，很多人都觉得她太不理智了。好好的外企主管，工作稳定，赚得又不少，却突然决定到一个自己所不熟悉的行业中去。晓梅也知道自己的未来充满了各种不确定性，她也为此感到恐慌和焦虑过，但最终迫使她下决定的是她对写作的热爱。她自小就有想用文字表达的强烈意愿，而且上学时她的作文还得过大奖。后来，因为考虑到未来就业问题便屈从了父母，报考了金融专业。毕业后顺利入职到一家外资银行工作，但晓梅知道，这并不是她想要过的生活。她想从事与文字相关的工作，后来，她从周围的同学那里了解到自媒体行业后，便决定辞掉工作，开始以码字为生。

刚开始的几年，境况确实不太好，原因是做了自由职业者以后，生活毫无规律，每写一篇稿子能拖就拖，致使公众号收益极不稳定，曾经还一度让她陷入了拮据中。那段时间，她对自己当初辞职的行为有些后悔，感到焦虑万分。但是，她在痛定思痛后，找到了自己焦虑的根源：不够自律，拖延成性。她必须要改掉这个毛病。

接下来的日子，晓梅开始调整自己，每天在规定的时间内必须要完成该完成的任务。记得有一次，她约着一群朋友到郊外游玩。虽然受制于辛劳疲态，但她依然按照在家时的习惯，坚持读半小时的书，并且一一列出第二天要写的文章主题，还有提前修好该放的图片；第二天一大早大家还在睡梦中，她就起身去郊外的公路上跑步，然后回到屋里在电脑前敲出一篇文章来；每天吃的饭菜，绝对定量，绝不暴饮暴食。

周围的朋友劝她说："既然出来玩，何必要继续过那种'苦行僧'式的生活。你为何不让自己放松一下，还非要坚持每天按时按点早起的清苦生活？偶尔偷一下懒，又不出格。

晓梅说："我能够做自由职业者，并且要把它做好，必须要自律。每天保持这样的生活状态，合理安排好时间，充分利用每一分钟并不清苦，因为规律的作息时间和日常安排，能让我避免不必要的情绪和其他无关紧要的琐事的消耗。要知道，人都是有惰性的，一旦某个环节松弛下来，很容易就会被诱惑侵蚀，今天因为出来玩就放弃读书，明天也能找到另外的理由推托，下一次，下下次的逃避也会变成自然而然的事……"正是她的这种自律，让她远离了焦虑，如今，她的公众号已经有十几万的粉丝了，获得的收入也让同龄人羡慕不已。

你有多自律，就会有多自由。这里的"自由"是指依靠强大的自律力，让自己在不断成长中获得一种确定性和安全感，从而远离焦虑，实现心灵的自由。所以说，自律是祛除焦虑和恐慌的极有效的方法，它可以使你有效地利用和把控自己的时间，有条不紊地执行自己的计划，从而也就真正地主宰了自己的人生。一个能够主宰自己人生的人，焦虑自然不会来打扰。

实际上，很多人在庸庸碌碌的日子中焦虑不堪，是因为缺乏自律，使自己的生活失去了平衡。生活是在哪一刻失去平衡的，人生究竟是什么时候失去控制的，就是在你对时间失去控制权的时候。你无法按照规定的时间有效地完成工作，无法按照规定的时间执行你的计划，于是你会感到焦虑不安；你不能达到自己的目标或某些愿望，你就会感到悲观失望，生活节奏失去控制后，你会抓狂……

生活中，我们总是羡慕那些活得自由自在的人，总是会好奇为什么身边有些人活得那么潇洒、自由，而自己每天一醒来，就心力交瘁，倍感压力，做事也是瞻前顾后，整个人似乎被什么束缚住一般。实际上，束缚住你的正是你对生活失控后的无力和无奈。而那些活得自由的，正是因为他们对自我主宰的生活和人生有着清晰明了的美好预见。

一个人拥有了自律力，就会督促和约束自己，收敛和祛除自己那些毫无节制的放纵，凭借强大的意志力与坚持，去制定一套属于自己的做事原则，去建立稳定规律的节奏和秩序，只有这样，一个人才能获得真正的自由。拥有了自由，当你面对人生的各种不确定性，比如挫折、困难、失望甚至绝望时，才能够有所依靠，支撑你去正面思考和解决问题，获得人生中更多的主动权。

祛除焦虑，源于对欲望的合理节制

以自律的方式，对"自我"进行有效管理，是祛除焦虑的有效之方。实际上，真正的自律，是对自我欲望的合理节制。比如，你要减肥，祛除你的健康焦虑，就必须要与自己的"懒惰""好吃"等天性作斗争；你要获得一个确定性的"美好前程"，祛除对个人未来的焦虑，就必须要与自己的"贪玩""懒散"等天性作斗争；你要投资，祛除对未来生活的焦虑，就要与"贪婪""恐惧"等弱点作斗争……与自身欲望和天性作斗争是个极为艰苦的过程，也是不断战胜自我的过程，这也是最难坚持下去的，当你过了这段时间，看到因自律而带来的各种积极的改变后，你就会感到无比地欣喜，那时候的满足感和快乐感会极为强烈。接下来，你就会将它变成一种习惯，就会享受坚持的过程，那样先前的各种痛苦和所有的焦虑也便不复存在。这也就意味着，你的生活真正地进入了积极的轨道。

张硕原本是一个勤奋的人，高中时学习成绩很好，曾被老师寄予厚望，那时全家人也觉得以他当年的成绩，考个全国重点大学是没有问题的。然而，天不遂人愿，他高考发挥失常，只考进了一所普通的一本院校。经历了高考的失败后，张硕整个人陷入了极度的迷茫状态。他曾对朋友说，上大一的那年，他几乎都是在沮丧和绝望中度过的。他逃避痛苦，逃避思考，整个人都下意识地逃避一切复杂的东西，除了应付上课，他每天都行尸走肉般躺在床上刷剧。

他曾向朋友讲述了他那段时间的感受："那种状态真的太糟糕了，整整持续了有三个月之久。每天面无表情地追完一部剧，在舒适区就地躺下曾给我带来了极大的安全感，但是自己却感到极为痛苦和焦虑，我根本无法接受平庸的自己，所以开始尝试着改变。"

"我先给自己订了满满的计划，一天的安排从早上五点到晚上十一点，从学习、生活到健身运动。"他告诉朋友说："在实施计划的第一天，我没能早起，竟然连闹钟都没听到。这带给我的失落感让我一整天都打不起精神来。第二天，在五个闹钟轮番响起的情况下，我挣扎着起来了，结果因为睡眠不足一天都昏昏沉沉。在接下来的半个月里，我几乎每天都失眠。在我的计划里，光早起就用了近一个月的时间来完成。之后，更大的缺点显现出来，我自小就是个完美主义者，因为几次没按原计划去执行，这些缺陷使我陷入了破罐子破摔的状态中。于是，恶性循环就来了。"

"接下来，我开始逃课，不再关注外界的任何信息，对新鲜的东西丝毫不感兴趣，连学院的活动也懒得参加，人也变得越来越软弱，每天都处于焦虑中，尤其是到晚上，那种不安感让我整夜难眠。当然，糟糕的结果也一项项地向我砸来。"

"大一的期中考试，那是我上大学后的第一次大考，成绩糟糕得一塌糊涂，使我错过了学校的奖学金，这也为我几年后的出国留学增加了难度。无数个之前期待无比的机会因为自己的拖沓和懒散而错过。"

他说："那段不自律的生活带给我的是无比的焦虑和痛苦。那种焦虑和痛苦源于：为辜负了自己之前的优秀而心痛，对丧失奋进的激情而痛恨，对不断受挫后的失望，对自己未来的迷茫……那段时间，我不断地问自己：真的就这样自甘平庸了吗？我内心的回答是：不行！我不要！于是，我开始重新设计我的计划，并且这一次是真正的开始。我制订了更为完备的计划表，每天一项接一项地逐步去完成。就这样，一个月后，我真正地有了高度自律的体验。也就是在那段时间，我像旁观者一样对自己提出要求，然后竭尽全力地完成，那是一次严厉并且残酷的体验。我知道，我不能软弱，否则一切只会回到没有希望的舒适区中。"

"一开始是难熬的。因为要洗心革面就得抽筋扒皮。苦大仇深的完成了半个月的计划，我发现一切终于又变得没有那么难了，好像不用咬紧牙关暴出青筋一般地完成计划了。"

"我清楚地记得，那是一场与自我欲望不断作斗争的体验。每坚持一天，就会感到无比地满足和快乐。因为那意味着我战胜了那个好逸恶劳的自己，我开始对自己目前的状况感到满意。那段时间，日子过得充实而有趣，每天晚上听到图书馆的闭馆音乐才回宿舍休息，那是我一天中最喜欢的时间，走在校园的小路上，我会仰头看天空，感觉星星都比之前更亮了。"

"之后我开始变得越来越自信。我开始越来越喜欢挑战，越来越享受一个人解决难题后的满足感，并且慢慢地一样样地收获我想要的东西。"

"对自己内心情绪的掌控、行为的掌控，甚至对食欲的掌控，都让我觉得，我的未来变得越来越清晰，并且我觉得我有能力，会将它变得更好，我有能力获得自己想要的一切。"

"那个时候，我的生活进入了积极循环的轨道。对我而言，高度自律是因为内心有强烈的驱动力，并且深刻地知道不自律带给我的后果。正是因之前异常焦虑和痛苦的体验，才能让我在坚持不下去时，都能因为不想再有那样的体验而咬牙完成。我想，痛苦在某种程度上来讲，也是一种财富吧！"

对个人欲望的节制，让人生步入积极的循环轨道，以自律的方式对自我进行有效的管理，是从根本上摆脱焦虑的良方。真正的自律，是建立在自知和自信之上的，并非是盲目的长久地自我压迫、自我批判的过程。而是一个长期享受自我改变所带来的欣喜和满足的过程，也是一个不断祛除焦虑的过程。当然，自律，也绝不是逼着自己去做一些痛苦的事情，有这种想法的人，最终都变成了积极的痛苦的人。

M. 斯科特·派克在《少有人走的路》中这样说："自律是解决人生问题最主要的工具，也是消除人生痛苦最重要的方法。人生充满了各种挑战、困难、焦虑乃至痛苦，而回避问题和逃避痛苦的倾向是人类心理疾病的根源。但是通过自律，在面对问题时，我们才会变得坚定不移，并且能够从痛苦中获取智慧，从智慧中获取快乐，从而消除痛苦。"可见，真正的自律，不会给我们带来痛苦和焦虑，相反，它带给我们的是智慧、满足和快乐。

走出"越自律越焦虑"的误区

真正的自律，不是恣意放任自我，随心所欲，而是能够靠强大的意志力做到自我主宰和很好的自我管理，它是对抗人生"不确定性"的法宝，也是祛除焦虑情绪的有效途径。但是，在生活中，多数人都对自律的认识有一个误区：先制订自律计划，然后像打了鸡血一样开始按照计划的时间表开启一天的生活。刚开始还能完成时间表里的任务，可忽然某天要加班，朋友喊吃饭，或者想放松一下，当天的任务就难以完成。当天的任务完成不了，所有的计划都会受影响，因为你制订计划的时候，没有给自己留一点儿复盘的时间。慢慢地，你会发现每天计划里的事情都完成不了，你会越来越自责和焦虑，最后破罐子破摔。等过一段时间，又决定要自律，再把以上的步骤重复一遍。就因为你完成不了自己对自己的要求，所以你会陷入巨大的焦虑中。这便陷入了"越自律越焦虑"的泥潭中，无法自拔。

那么，在现实生活中，什么样的自律才能让自己真正远离焦虑呢？

1. 下定决心的行为要有持续性

张强经常会给自己立计划表：明天一定六点起床，学会20句英语口语，结果没坚持两天就宣布放弃……接下来，因工作需要，他又给自己立计划表：从明天开始每天坚持读半小时书，结果书买回来头一天读了几页后，就一直放在床头，再也没翻过……

刘飞看着体检表，听着医生的劝告：有几项不达标，你要注意休息了，别再熬夜了……接下来的一周他遵医嘱，晚上按时睡觉，但后来又因为与客户谈事而熬通宵，不到半个月生活就回到了原来的轨迹……为了健康，他开始计划着戒烟戒酒，刚坚持不到两天，晚上就被朋友拉到酒吧，结果喝得酩酊大醉……

　　张宣因为自控力差、脾气大，经常与周围的同事发生这样或那样的不愉快，致使她在单位的人缘极差。接下来，她下决心改变自己，与人交往时始终保持微笑和不急不躁的态度。这状态保持了三天，接下来就因工作问题与上司发生了争吵……辞掉工作后，张宣开了一家小服装店，因为自己的生意，她又决定改掉自己的坏脾气，不断告诫自己在与客户打交道时一定不能急，火气上来时要控制自己。但坚持没几天，她却因为服装的价格问题与进货商发生了冲突……

　　不可否认，生活中能"开始"自律的人很多，但最终能"坚持"自律的却没多少。相比不自律来说，更可怕的在于，你总是沉醉在间歇性的"伪自律"的假象中，享受它带给你的自我满足感。我们总是不断地给自己立各种学习计划表，这月学英语、下月学法语、下下个月学西班牙语，结果都没坚持几天就放弃，各种语言只学了点皮毛，还给自己冠以"爱学习"的标签，发朋友圈炫耀自己的上进，这种没有目标、毫无持续性的"伪自律"，很容易让我们在自我满足感中迷失，进而让自己陷入焦虑。实际上，一切落实不到具体行动的"打鸡血"，都是伪自律！真正的自律是有持续性的、能让你预见并实现美好的结果的，它是祛除焦虑极有效的良方。

　　2. 要有明确的目标的自律

　　每天按时起床准时吃饭睡觉，这些看似自律，实际上是一种行尸走肉般的生活。因为他们在做这件事时没有明确的目标，单纯是为了"过日子"，不知道自己为何而活，就是混吃等死。所以，一个对生活毫无目标的人，不配谈自律。

　　真正的自律达人，能让其长期坚持一件事的，多是激情的驱动，而并非单纯的个人意志力的鞭策。当一个人的激情只为目标而燃烧的时候，才能够持续且产生价值。

　　3. 习惯性的自律

　　在生活中，很多人能将一件事长年累月地坚持下来，主要依靠个人激情和热爱的驱动。而那些单依靠个人意志力，是极难坚持去做一件困难的事情的。习惯性的自律就是要将一件困难的事情持续下去，还要将它培养成一种习惯，让它成为你生活中必不可少的一部分。

大学期间，宿舍共住六个人，大家似乎都很迷茫，不知道具体要干点什么才算是有意义的事情。后来，受一个写作爱好者的影响，连续一个月时间大家都开始坚持每天写日记，但是还未到一个月，大家都放弃了。

其他五个人对那位坚持写作的同学说："每天写作貌似没啥用啊，期末又不考试写作。还不如多做些英语题来得实在，兴许还能早一点儿考个英语四级。……在这样的小城市，多学些技能兴许毕业后还能找个不错的工作。……坚持写作有什么意义，我们又当不了作家！不如早点放弃吧。"

而坚持写日记的那位朋友只是笑而不语，只是默默地坚持着，直到毕业。当大家都在为找工作而不知所措时，她却早早地被一家报社聘去做记者。原因是，大学时她就不停地往这家报社投新闻稿，其中有20余篇都被采用。

同宿舍一个人曾问她："是什么让你一直坚持写作的，如此枯燥的事情你竟然能坚持下来，真是不容易呀！"

她说："我刚上大学时，就给自己买了六本厚厚的日记本，曾发誓一定要用文字将它填满！于是，我每天晚上就开始写日记，倾吐自己的心声。大概坚持了两个月，我发现这个习惯已经成为我生活中的一部分了，每次有心事就想通过写作倾吐、发泄。"

听完她的话，那位舍友才明白：要长久地坚持做一件事情，不能纯靠意志力，还要有兴趣支撑。其他的几位舍友之所以坚持不下来，是因为她们完全依靠个人意志力，等意志力消耗完毕，放弃就是必然的结果。

当你不需要别人的监督时，自律就已经成为了你的习惯，成为你生活中的一部分。那么，自律就是水道渠成的一件事了。

要保持自律，不能单纯地依靠个人意志力，等意志力消耗完的时候，就是你放弃的时候。这个时候，你就要懂得给自己注入激情，比如你畅想这样做一定能给自己带来预期的回报，如此你就不会觉得累，更不会觉得难。做到这些都不算难，真正难的是你该如何保持对生活的热爱所练就的对任何事情都认真的态度，以及那颗始终不甘于现状的心。

依靠意志力，为你的生活赋予"秩序感"

自律之所以能让我们摆脱焦虑，就是因为它能让我们的生活建立一种"秩序感""稳定感"或是"确定感"，从而让我们从心理上获得安全感，从而有效地对抗焦虑。很多人说，你必须强迫自己、逼迫自己去行动，才能让自己凌乱不堪的生活拥有"秩序感"，而强迫甚至逼迫，是一个让自己深感不快甚至痛苦的事情。比如，你想瘦身减肥，激发了自己出去运动的动力，你想锻炼的意愿就必须比躺在沙发上玩手机的意愿更为强烈才可能让你真正走出去。在这样的情况下，你大脑中需要不断地尝试很多次才有可能会成功一次。也就是说，要拥有持续性的自律，难道就意味着非要靠个人的意志力，一次次地忍受痛苦，才能变成现实，达到既定的目标吗？实际上，仅靠个人意志力去长期维持一种行为，是一件难事。对此，著名的心理学家阿尔伯特·班杜拉曾指出，意志力是一种消耗品。当你做事缺乏动力时，意志力的消耗会猛涨。意志力消耗量较高时，你会难以长期地维持一个行为，生活的"秩序感"也就无从谈起了。

刘枫最近和朋友聊天，总是会忍不住吐槽自己的意志力太弱。他说："比如说我会同时发展许多的爱好，且以为自己都能够把握住。夏天的时候跟着朋友学滑板，荡板荡了十几天，没学会带板起跳便放弃了。学习吉他，买了一把吉他还没弹几天，就放在一边再也没拿起来过，理由倒是有一箩筐……我如何才能将一件事情坚持到底，并成为更好的自己呢？我对自己有些气馁，又生气。有时候我还学着去安慰自己，人的意志力也许天生就有差异，某些人的意志力就比别人强。而我却是最普通的那一个。""三分钟热度"是刘枫极不情愿给自己贴的一个标签。他曾经尝试着做一些改变，但结果却总是不尽如人意……

我们渴望改变自己，想自律，却充满了难度。怪自己意志力薄弱，同时这种中途的"放弃"也让我们人生充满了沮丧和自责，靠意志力支撑起来的自律行为所导致的糟糕的结果，使我们沉浸于痛苦中，却未曾意识到，这只是你的方法出了问题。

实际上，意志力并非全靠主观控制的，真正让你通向意志力强大之路的，是那些你为自己创造的条件与适当的方法。你的意志力不够强，真的不能怪你，你只是没有找到合适的方法。通俗来讲，依靠意志力来支撑你的自律行为是一项技术活儿，下面，我们就着重介绍一下，如何依靠意志力来有效地维持你的自律行为，进而为生活赋予一种"秩序感"：

1. 分清楚主次，避免意志力的损耗

意志力是一种消耗品，它是一种有限资源，要省着用。每天早晨起床后，通常人的精力最旺盛，意志力储量也最大，但随着一整天处理的事情越来越多，意志力便会慢慢地被消耗。所以我们应该将意志力用到最重要的事情上。

要知道，一些艺术家闭门创作的时候不修边幅，并非是为了表现另类的一面，而是他们将意志力都用到了需要消耗巨大能量的创作上；一些商业人士为何不怎么爱说话，不是因为他内向，而是将意志力都用到了需要消耗巨大能量的商业运营策略上。

一般来说，早晨的时光都是异常宝贵的，我们一定要好好运用它，否则等那段黄金时间一过，你再想用意志力去实现目标的时候，已经做不动了。

2. 对目标进行有效地管理，减少决策所带来的疲惫感

"一选择就陷入纠结中"，是很多人迟迟无法专心去行动做一件事的主要原因。他们的目标太多，需要做更多的决策，其内心也就越纠结，行动力自然也就低下了。这种"纠结"真的会消耗人的意志力。比如你决定要购买一套住房。你开始思索：是买到市中心图交通便利，还是到郊区去享受好的环境？是买大开发商享受好物业，还是买小开发商图性价比？是考虑自住，还是要考虑未来的升值空间？等等，这些都不够，比如户型、朝向、楼层等，最终把自己搞得筋疲力尽，甚至都不想买了。

所以，在决定靠自律改变自身时，为了避免陷入决策疲劳，请将事情按轻重缓急排序，然后紧着最重要的立即展开行动，这样，合理的目标管

理才能帮助你用好意志力。

3. 及时为你的意志力"充值"

生活中，那些最消耗个人意志力的是"负能量"，比如消极的情绪、周围消极的声音等。所以，要保持较强的意志力，就要远离这些"负能量"，并且懂得运用积极的动作、充满正能量的话语等给自己的意志力"充充值"，以帮助自己更好地实施自己的计划。

一位朋友在自己创业期间，在家里的墙壁上、书桌上，到处都贴着励志性的标语。甚至在客厅正中央贴了一张巨型的一辆豪车的图片，每当自己消沉的时候，就会告诉自己："今天我要去把这辆豪车的轮胎挣回来！"

在日常生活中，我们也会发现，与销售相当的行业，通常都会开晨会，会场气氛异常地激烈，各种"打鸡血"。平常人听着可能会觉得浑身起鸡皮疙瘩，但这却是充满意志力能量的好方法。越是有挑战性的工作越是需要更多的意志力。

一位想要减肥健身的女性，为了督促自己每天跑步，特地跑到商场花了几万元买了一条高档的裙子，为了能早日穿上这条裙子，每天便雷打不动地去跑步、锻炼……

别以为这种"打鸡血"式的方法没有用，目标视觉化后，分分钟能够提升自己的意志力"能量"。要知道，达成目标的路上有太多的诱惑，当我们看到满墙目标的那一刻，很可能会因为短暂的懈怠而产生羞愧感，从而让自己重新投入有意识的奋斗之中。

将大目标拆分为小目标

自律，本质是通过对自我的一种管理，然后达成既定的目标。但是，生活中，很多人难以自律，难以使自己的生活乃至人生拥有"秩序感"，是因为被自己制定的大目标给"吓"退缩了，还有是因为目标太过模糊，不够具体，从而不知如何去行动，最终在"半途而废"的状态中焦虑和慌乱。对此，我们就要懂得去拆分大目标，将目标清晰化、细小化，然后再去行动。

小涵在 2016 年开始写作，她当时的目标是写出 3000 字的长文。这对于她来说，是一个天大的数字。不过，看着很多自媒体公众号，动不动就五六千字，她的野心和欲望就激发了她。她想，一定要像他们一样，能够随心所欲地写出长文来。

有了大目标后，她就开始将这个大目标拆解为小目标。

她将文章分成 10 个部分，每个部分 300 字，每 300 字讲一件事。每天早上写 300 字，分成 10 天完成。每天完成就给自己一点奖励，有时候是一杯茶，有时候是一份小甜点。当完成到第五天的时候，奖励自己吃一顿大餐，花了几百块钱，吃了一顿海鲜。

当有了这样的一次经历后，她再也不会为"写作"这件事恐惧和焦虑了，就像一个"心锚"固定在心中，稳定而踏实。当她之后有过不去的坎时，想一想这件事情，就能给她带来一些力量。

很多时候，我们的大目标因为太过宏大，实现过程太过漫长，就会因为苦苦追求不得而灰心气馁，甚至焦虑不堪。所以，必须辅以实现过程相对较短的中期目标，中期目标位于目标金字塔的中部，起到缓冲和巩固的作用，但只有长期目标和中期目标，金字塔还是不完整的，所谓"万丈高楼平地起"，目标金字塔也需要有坚固的根基，它的根基便是近期目标，近期目标是一个个可视化的里程碑，其特点为具体、清晰、明确，能让人对金字塔这项恢宏工程的落成充满信心。

金字塔层级目标好比连环套，长期目标统帅中期目标和近期目标，而近期目标和中期目标又牵制长期目标，三者之间彼此制约，互相影响，设定"金字塔"式目标需要耗费心力来考虑各种因素，以下几个步骤可以让你开启设定目标的进程：

1. 写下你的目标清单

你的人生目标展现的是你人生的抱负和一生的追求，如果不想虚度年华，把宝贵的时间和生命浪费在无意义的事情上，你必须设立自己的目标清单。你需要了解自己一生真正想要的是什么，真正想完成的是什么事情，想在一生中成就何种事业。把这样的目标用一句精炼的话概括出来，如果其中任何一个目标是另一个目标的重复表述或者是其关键步骤，就将它从目标清单中划除。

2. 设定时间框架，划分目标层级

对于终极目标你必须设定一个时间框架，以此支撑起金字塔的层级结构，以时间的长度为基准，设定十年计划、五年计划、一年计划、季度计划、月计化、周计划、日计划，还可以设定几小时或一小时的计划，划分出长期目标、中期目标和近期目标。

3. 写下每完成一个目标所要采取的行动

这个步骤旨在拟定一个检查清单，因为你预估的目标所实现的时间可能不符合现实，而行动则是检验真理的唯一标准，对自己接下来的行动步骤了如指掌有助于你科学地设定完成目标的时间。

4. 通过落实行动，对时间框架做出必要的调整

在完成近期小目标时，你便可以根据自己的执行情况对预估的基层时间框架做出调整，同时对完成中期的目标时间做出更合理的判断，纠正想象与现实的偏差，完成中期目标后准确记录实际耗用的时间，并对整个目标时间框架做出更合理的调整，对长期目标的完戌时间做出更为准确的估计。

5. 检查目标框架，定期填写时间进度表

详细填写每日、每周、每月、每季度的时间进度表，以便你能随时了解自己距离完成近期目标、中期目标、长期目标还剩多少时间，使自己按照预定的方式来完成各个目标。定期回顾自己完成目标的情况，写下自己已经完成的部分，把未完成的部分累积到下一个目标计划中，同时合理调整时间框架。

尽量去量化你的目标

有效地分解目标，的确可以有效地提升一个人的执行力，从而达到自律的目的，有效消除对生活的焦虑感。但是，还有一个更直接有效的方法，那就是将目标量化。一个人的理想可以为你营造一个造梦空间，可是在现实的平台上，任何抽象而美妙的理想都不如严谨而标准化的数字更叫人心安，因为量化的目标不是伸手触摸不到的天边彩虹，而是赏心悦目的凡尘花朵，你不仅可以辨别它们的颜色，而且能数清它们的数量。

有人不禁要问，目标分解以后就已经足够明确和具体了，为什么一定要将它们量化呢？定性的子目标难道就一定比不上定量的子目标吗？试想一下你在答一份考卷，考卷以优良中差来评分更精确还是以具体的分数评分更为精确呢？答案是不言而喻的，定量的指标无疑准确度更高，可以让你更直观地了解目标的执行情况。数字代表着一种科学美，它闪耀着理性的光辉，所以作为一个现代人，走进数字时代，量化自己的人生目标，更有利于目标的达成。

1984 年，一场国际马拉松邀请赛在日本东京拉开了帷幕，在这场备受瞩目的盛大比赛中，一个籍籍无名的日本选手超越了所有实力派种子选手，一举拿下了冠军，这个结果非常出人意料。这匹新生的黑马名字叫山田本一，赛后接受记者采访时，没有讲太多话，当被问到获得冠军的秘诀时，他只是说了一句话：以自律和智慧战胜对手。这句话很难让人理解，马拉松考验的是人的体能和耐力，身体素质不达标，仅凭智慧是不可能获得冠军的。因此，大多数人都认为这位冠军的回答华而不实，不过是故弄玄虚而已。

两年之后，意大利米兰举办了国际马拉松邀请赛，山田本一代表日本参赛，并再次夺冠，这个结果同样在人们的意料之外，赛后，记者又一次追问夺冠的诀窍。山田本一个性内敛，是个不善辞令的人，思考了一会儿，仍然重复着上次的回答：以自律和智慧战胜对手。记者没有在报纸上讥讽他故弄玄虚，而是试图了解这句话背后的真相，可是依旧一无所获。

十年过后，山田本一自己揭开了这个秘密。那时他退役了，不再参加比赛，忙于写自传出书。他在书中是这样解释取胜秘诀的："跑步夺冠与我平时对跑步的执着是分不开的，我之所以能将跑步这件事坚持下来，是因为跑步的时候我会将目标量化。比如刚开始练习长跑的时候，我并不懂如何才能坚持下去，只知道一直向前跑，通常把自己的目标定在四十多千米外终点线上的那面旗上。这样的结果就是，跑了十几千米后，我就感到疲惫了，可是目标远远不见。于是，感觉更加疲惫，我被前面剩下的路程吓坏了。后来，在每次比赛之前，我都先把比赛的线路仔细查看一遍，找出沿途比较醒目的标志，用心记下来。比如，看到的第一个标志性建筑是银行，下一个是一棵特别大的树，再下一个是一座红房子……就这样，我把标志一直记到终点。在比赛时，我先全力向第一个标志跑去，这样我知道自己的下一个小目标在哪里，于是再向第二个标志跑去，就这样，四十多千米的赛程，被我分解成几个小目标后，就能轻松地跑完了。"

人生何尝不是一场马拉松呢？每个人都会觉得离最终的目标有着漫长的距离，目标的实现不可能一蹴而就，那是一个从量变到质变的过程，众多量化的小目标就是赛场上的能量补给站，每当你感到疲惫不堪的时候，就能通过它获得坚持跑完全程的力量，这就是山田本一两度获得国际马拉松邀请赛冠军的秘诀。大目标会给人带来一种可望而不可即的恐惧感，而把一个大目标量化成一个个小目标，然后先全力以赴地实现第一个小目标，之后实现第二个小目标，以此类推，直到实现最后一个小目标为止，这样就把高远的目标转化成了真实可触的现实。当然要量化目标需要掌握很多技巧，以下几点建议可以为你提供必要的帮助：

1. 把目标具体化和数字化

量化目标，指的是用准确的数字来描述你的人生目标，如果你的目标可以用数字描述，就一定要用准确的数字表达，而不要用笼统的文字来表述。在日常生活中，很多人把找到一份待遇优厚的工作、获得理想的工作业绩、建立美满幸福的家庭当成自己的人生目标，这只是一种笼统的想法，描述过于模糊，没有量化。月薪达到多少才算待遇优厚呢？销售业绩达到什么标准才算理想呢？幸福指数达到什么数值才能算拥有幸福家庭呢？

量化后的目标一定是可衡量的，比如期望得到月薪 1 万元的工作，想要自己的销售业绩达到 20 万元，幸福指数达到 90% 及以上，等等。如果人生目标不能用具体的数字来表示，可以将其指标化，指标化也是量化的一种形式。

2. 量化目标时要注意有效目标的五要素

一个有效的目标通常包含五个要素，简称"SMART"要素，分别为 Specific、Measurable、Action－oriented、Realistic、Time－related，指的是具体的、可衡量的、可接受的、现实可行的、有时间限制的。制定目标时必须充分考虑这五个要素，如果你只设定了一个模糊的长期目标，没有考虑到实现人生目标所需的资源、时间和自身应当具备的能力等因素，就会使目标的可行性大为降低，而且难以衡量。所以，想要让一个目标更具操作性，必须全方位考虑与实现目标相匹配的各种因素。

举例来说，如果你工作较为吃力，总是比其他人慢半拍，被拖延症所累，制定了一个赶上同事进度的目标。在量化目标时就应该把各方面的因素设计周全，比如想好自己要追赶的是哪个竞争对手（某个具体的同事），使自己在处理同类工作任务花费的时间大致与之相当，还要规划好在规定的时间内所要解决的问题，同时要结合自身的能力和特点，注意现实情况和时间限制，促使自己不断取得进步。

3. 用剥洋葱法来量化实现目标的过程

目标就好比一颗洋葱，目标的实现过程便是剥洋葱的过程。洋葱最外层是近期目标，它是你应立即着手做的事情，当然剥掉一层洋葱皮也不是一瞬间就能完成的，你需要一点一点地剥，这个过程就像实现一个个近期小目标的过程。再往里依次是中期目标，最里层是我们追求的终极目标。洋葱的层数是可数的，因此每剥一层都可以量化，甚至每剥一点也能量化，每实现一个目标我们都能得到一个具体的数值，同时可测算出距离最终目标的距离，那么终极目标就不会显得遥不可及了。

别总是"刚一付出就立即要回报"

"刚一付出就立即想要回报"是当下许多年轻人经常陷于焦虑的主要原因。从心理学的角度分析，这是一种不成熟的心态，就像一个小孩一般缺乏耐性。可是在成人的世界里，"小孩"是难以在社会上立足的，也是难有成就的。

16岁的玛瑞是一家脚踏车店的小学徒，他每次在为车主修好车之后，都会把车子擦得漂亮如新。其他的学徒就笑他说："前来修车的人只付给你修车钱，你擦车子又没有任何报酬，何必一直要坚持做这份无用功呢？"然而，玛瑞并不理会，始终坚持帮车主擦车。久而久之，他的服务得到了更多车主的认可和赞扬。而其他的学徒则对工作总是敷衍了事，总想着即便把工作做得再认真，自己也难以得到什么好处。

有一次，玛瑞又为一位车主修好车并擦干净车之后，就被一家公司挖走了。原来，车主是一家大型修理厂的老板。从此，玛瑞就有了一份更好的工作，工资也翻了一倍。而同他一同进店的伙计，仍旧在原来的小店铺里拿着微薄的工资。

做什么事总想着立即得到回报，在做任何事之前都要算计"结果"，这种人是难以成事的。就像故事中修车店的学徒一般，付出前总想着能得到怎样的回报，对人对事都无法负责任，所以，极难获得他人的信任和青睐。

要知道，凡事都有因果，只有春天播种，秋天才会收获。在对待一件事情也是如此，你只有先付出，再去想获得回报的事，脚踏实地，自然能出成就。就像做生意，开始没有什么成绩，就想着去放弃，有的人一个月放弃，有的人三个月放弃，有的人半年放弃，有的人一年放弃……这是一种典型失败者的习惯。所以要有眼光，要看得更远一些，眼光是用来看未来的！

另外，懂得"先付出，再图回报"也是职场成功的秘诀之一。一个人想在职场中立足，就必须对自己狠一点，自律式的吃苦在前，享受在后，让钱主动去找你，而非是你去找钱。

王翔刚毕业，就进了一家出版社做助理编辑。刚进单位，因为是新人，所以经常受到别人的指派，对此，王翔并没有任何的埋怨，而是每天除了做好自己的本职工作以外，总还是乐呵呵地接受他人的"指派"，觉得自己是个"新人"，应该多磨炼一些"本事"出来，这样才能使自己长久地在这里"立足"。

有时候，王翔会被指派到发行部，有时候则会被派到业务部。周围的很多同事都说王翔太"傻"，自己本是个编辑，每天舒舒服服做好自己的工作就是了，何必要把自己搞得像个"苦力"一样去干那些粗活儿。但是王翔心里却很快乐。

他在发行部帮忙包书、送书；到业务部，又参与各种直销工作，甚至取稿、跑印刷厂、邮寄等各种各样的工作。后来，王翔渐渐地摸清楚了出版社的各方面的业务流程，各种工作他都得心应手。两年后，他升了职，薪水也翻了好几倍。

一个真正有能力的人，何愁不会成功呢？这个道理谁都懂，关键是在成功前的自律式的苦心修炼和无怨无悔的付出并不是每个人都能做到的。所以，无论在职场上还是在生意场上，你想获得什么，就要先懂得付出什么。你在一个项目或规划中的付出，将会得到加倍的回报。就像一粒种子，你把它种下去以后，然后浇水、施肥、锄草、杀虫，最后你收获的不是几十倍，上百倍的回报？所以，做一件事情，一定不要在还未付出前就想着我能得到什么？而是想着如何去付出。更不要那么急功近利，想马上得到回报，天下没有白吃的午餐，轻轻松松是难以获得成功的。

第六章

·

悦纳自己：唤醒内在的安全感

　　生活中，多数的焦虑都源于不够爱自己，不懂得去悦纳自己。真正的爱自己，就是遵从自己内心的真实意愿，不与内在的自己产生矛盾，不过于与自己较劲，能够全然地欣赏自己的优点，拥抱自己的缺点，更不会为了外界发生的事与物影响自己内在的情绪。这样的人，内在始终处于和谐的状态，有十足的安全感。同时他们有厚实的内在知识底蕴做支撑，就不会去计较个人的得与失，更不会在乎周围人对他的冒犯，也不会在乎他人的误解和世俗偏见对自己的评价，因为他的内心本身就是一个完美的世界，为此他不会色厉内荏，外强中干，更不会随意对人发脾气。这样的人，对自己与周围的人和世界都有极为强大的信念，这种信念能让他坚持自我原则，与世界万物和谐地相处。与此同时，懂得悦纳自己的人，能及时体察到焦虑对自己的影响，并愿意与自己内在不舒服的感觉在一起，同时还会将焦虑当作自己的孩子一样去接纳和包容。可以说，他们是真正有力量的人，焦虑、烦恼或痛苦等负面情绪对他们的影响极为有限。所以，在生活中，要真正地减轻焦虑对我们的负面影响，就要努力去做一个能悦纳自己的人。

真正地爱自己，就是让心灵处于自由、愉悦的状态

生活中，我们常会听人说，在任何时候都要牢记爱自己，因为你是自己今生的唯一；善待自己，你将获得对自己的认同和理解；只有爱自己，才能更好地给予他人，让别人欢喜！在很多人的观念中，真正的爱自己，就是拼命地对自己好，满足自己在现实中对物欲的需求。实际上，这只是肤浅意义上的"爱自己"。真正地爱自己，是一种更深层次的表现，即了解自己，时时能审视自己的内心，关注自己内在的精神需求，呵护自己的心灵，让自己时时处于一种无忧无虑的自在、愉悦的状态。

可是生活中，我们的心灵之所以难获得自由，主要是被过去发生的一切所缠绕、撕扯。同时还会被未发生的事情产生恐惧、担忧或焦虑。要真正地摆脱这两种烦恼，我们要做的就是接纳。对此，心理学家武志红先生曾说过："追求人格的自由，结束已经发生的事实对我们心灵的羁绊只有一条途径：接受已经发生的事实，承认它已不可改变。假如你做到了这一点，那么过去的事实仍然存在，它并未消失，也未被你所遗忘，但你对它的纠结便结束了，而你也真正地获得了自由。"同样的道理，要摆脱你对还未发生的事情产生的恐惧、担忧，也是接纳这种恐惧、担忧，承认你的担忧对解决未来的问题是毫无用处的。这里强调的还是"接纳"，而不是抗拒。

美国人本主义心理学家罗杰斯说，一个人的人格就是这个人过去所有人生体验的总和。从这一点上而言，我们对自己过往的所有经历都不能持否定的态度，因为否定自己所经历的任何的事情，都是在否认自己人格中的一个部分，就会或轻或重地导致人格的分裂。并且，你所否认的那一部分，绝对不会因为你的否认而消失，它只是被你压抑进潜意识中，仍然在对你发挥影响。更为糟糕的是，当它们发挥作用时，因为是来自潜意识，你的意识对它们一无所知，于是你对它丧失了控制能力。为此，要想使自

己的心灵获得自由，处于愉悦的状态，一定要懂得接纳自己的过去，不为过往的过错而懊悔，更不为曾经不堪回首的经历而郁郁寡欢。

美国著名的脱口秀女主持奥普拉·温弗瑞不是个传统意义上的漂亮女人。按道理说，不漂亮的女人要上电视做主持几乎是不可能的事，更别说要出名了，但奥普拉偏不这样想。

在通往成功的路上，她对自己的过去毫不避讳地坦然，而且永远将灿烂的笑容挂在脸上。挥别过去的伤痛，她不断地与贫穷、肥胖、事业挫折等问题抗争，最终取得了累累的硕果：通过控股哈普娱乐集团的股份，掌握了超过10亿美元的个人财富；主持的电视谈话节目"奥普拉脱口秀"，平均每周吸引3300万名观众，并连续16年排在同类节目的首位。如今的她已成为世界上最具影响力的妇女之一。

她说，每个女人都应该勇敢地挥别过去，听从"内心的呼唤"，只有一个相信自己的女人才能成为生活和事业上的强者，"如果你相信自己有朝一日可以当上总统，也许有一天你就能如愿"。

如今的她已经50岁出头，但人们看到的依然是魅力四射的她。据说因为她而使很多女性甚至盼着能早点儿到50岁，好借此获得奥普拉一样的魅力。当然，拥有这样的魅力并不只是靠年龄，而是在经历了生活的苦难之后，依然能积极地接纳自己，保持灿烂微笑、不改初衷，并时刻怀有一颗赤子之心的人，这也是强者的姿态。无论生活给了她怎样的难题，她都没有逃避，也不曾为自己找过任何的借口，永远笑着面对。

的确，积极地接纳过往，就是悦纳自我的一种表现。直面不堪回首的过去，才能让心灵处于一种灵动、愉悦的状态，才能以更好的姿态面对未来。要知道，过去的一切已经成为你生命中的一部分了，无论你心中再怎么否认，都不能将它们抹去。与其抱着不堪的过往痛苦地呻吟，不如好好地抓住当下，过好眼前的每一天。

悦纳自己，首先要停止与自己较劲

生活中，我们时常感到焦虑、烦恼或痛苦，就是思维或行为被社会的价值体系所束缚，脑袋里总是装着太多的"应该"与"不应该"：为了不被时代淘汰，应该多学习，才能长进；与人相处，总想着应为别人着想，才能赢得对方的认可；为了维持婚姻的和谐，总想着应该委曲求全，方能令所有人满意……为这些，我们不得不强迫自己做不合适或不情愿的事情，致使自己的生活变得越来越拧巴，不停地与自己较劲。

丽莎是个沉默内向的女孩，跟陌生人一说话就脸红，而且说话的声音也极小，但她却是个野心勃勃的女孩。

她本来学的是金融专业，在证券公司做职员也符合她细致沉稳的个性。但看着周围的朋友都在卖保险，丽莎有些沉不住气了，开始跃跃欲试。她满怀信心地对朋友艾丽丝说："我就是想挑战自己，我知道自己不善言辞，卖保险可以跟更多的人交流，需要较好的沟通能力。我这样做就是为了锻炼自己，不相信自己会比别人做得差。在学校的时候，我曾看到一个故事，说的是一个演讲家，小时候口吃，后来他嘴里含着石子锻炼，终于成了一名了不起的演讲家。我一不口吃，二不笨，怎么会做不好呢？"自小就倔强的丽莎，下定了决心要尝试一下自己不擅长的工作。

原本以为，经过一段时间的锻炼，丽莎一定可以战胜自己的弱点，为自己的人生赢得第一声喝彩。谁知一段时间后，当艾丽丝再次见到她时，还未来得及问清楚情况，丽莎便"哇"地哭了起来。原来，丽莎在卖保险过程中遇到了太多的困难和尴尬。她曾尝试跟别人介绍保险，但因为性格内向，不善交际沟通，她的人脉资源也不够丰富，于是就通过同学介绍，接触到了不少的陌生人。虽然她做了不少准备，但经常会遭到冷漠的拒绝，有时候甚至还会遭到讽刺。丽莎本身性格内向，又不是那种伶牙俐齿的人，其中的尴尬可想而知了。尝试了一段时间，不仅没有丝毫进步，反而大大地挫伤了她的自信心。她沮丧地对艾丽丝说："我觉得真是太糟糕了，笨嘴拙舌，什么都做不好！"看着丽莎难过且憔悴的样子，艾丽丝很是心疼。

多数人在生活中，都曾有过类似于丽莎这样跟自己较劲的经历。由于周围的人总在说，要学会挑战自我，赢得更精彩的人生，所以在这种主流思想的影响下，我们觉得应该去挑战一下自我，结果把生活搞得很拧巴。其实，很多时候，人生不是用来挑战的，而是用来妥善对待的。就如丽莎一般，跟自己的弱点较劲，将自己弄得狼狈不堪，最终却没能战胜自我，反而落得丢盔弃甲，落荒而逃。有人可能会说，你不尝试怎么知道你的潜力有多大，但你的弱点你该最清楚，拿自己的弱点跟现实相对抗，无异于以卵击石。

实际上，人生最智慧的做法不是打着"挑战自我"的旗号跟自己的弱点较劲，而是善于规避弱点，发挥自己的长处。每个人的天赋都不尽相同，只要能最大限度地发挥自我的长处，就能赢得成功，完全没必要拿自己的短处去跟别人的长处较量。同时，你也不必要去强迫自己做自己不想做的事情，比如你意识中觉得你该去考一个资格证，但你又不想付出努力，那就先允许自己将这个想法放下，没必要在"要不要去考证"中纠结、拧巴。当然，这里并不是说让人放弃上进、奋斗，而是让人在不开心的状态中寻求一种舒服的生活方式，让自己的身心处于一种和谐的状态。

欲找回你的"强大"，必先接纳自己的软弱

生活中，常有这样一群人：别人的情绪一有波动，便觉得与自己有关，就会立即坐立不安，焦虑异常；在公司或单位做错一件事或者完不成工作任务，感觉天要塌下来一般；同学聚会时看到别人炫耀，对比自己觉得不如别人，开始自卑；上学的时候接受不了考试失利，恋爱的时候接受不了被甩，上班的时候接受不了领导的批评和责怪；看着别人生活幸福，

工作方面升职加薪，回望自己生活一贫如洗，工作停滞不前，便开始自暴自弃，自轻自贱，焦虑不安……这样的人表面上看似在追求完美，对自己要求甚高，实际上却是毫无自信，内心极为软弱的。他们内在缺乏自信心的支撑，常被情绪左右，毫无能力承担起自己的人生责任来。

对于这样的人，要找回内心的"强大"，首先就要懂得接纳自己，接纳自己的软弱。一位作家曾说，一个真正成熟的人，内外是一致的。他们能够客观地认识自我，清醒地知道自己的优点和缺点，以及内心的软弱和恐惧。他们的内心是丰盈而充实的，有一套自我评价系统，不会轻易去羡慕他人，更不会因为自己一时的受挫而一蹶不振。

叶青是个自卑的女孩，因为在小的时候，她身边的玩伴家庭条件都比她好，穿的、吃的和用的都比她好，零花钱也比她多，所以她常会感到自卑。小时候，她内心唯一的愿望就是希望父母的收入能高一点，给自己提供超过玩伴们的资本。但是，直到她大学毕业，其家庭条件丝毫也没有改变，甚至比之前更为糟糕。而其周围玩伴们的条件却是越来越好。

工作后，叶青也有了自己的一份收入，便开始改变自己的生活条件，但是似乎与之前那些玩伴们的差距变得更大了。她每次回家看到原来的玩伴，才觉得自己在穿戴方面与他们的差距也是甚大。叶青觉得自己总像个追随者一般，永远跟在他们的后面跑，这让她心神不宁，很是郁闷，有时在夜深人静的时候她还会攻击自己、抱怨别人，觉得自己很无能，生不逢时、命不好。

叶青直言，自己一直到32岁都没有过过一天快乐的日子。无处不在的对比，让她真的疲累至极。或许是这个问题存在太久了，这些负面情绪像慢性病一样侵蚀着她，偶尔突发的急性病变让她感到痛苦不堪……她觉得自己要努力去解决掉这个问题。当时的她已经意识到，无论怎样自己都是无法改变别人的，唯一的就是要去改变自己。

叶青开始尝试着去接纳自己的能力：自己只是普通的员工，不可能在短时间内改变自己的生存状态；她开始接纳自己的出身，并且认识到自己的起跑线确实比不过别人的事实。她开始不再对过去因一直输给别人而自卑胆小的形象耿耿于怀，开始试着接纳自己的过云；开始接纳自己儿时的同伴们，开始接纳同学和同事，接纳他们的经济条件远远超过自己……

每次当她这样想的时候，就顿觉周围的世界明亮了许多，她也看到了越来越清晰的自己。她的心神不在他人身上游离，开始慢慢地回归到自己身上，那是一种跟灵魂合二为一的感觉，她也感受到自己的内心在慢慢地变得强大。

叶青的经历告诉我们，当我们开始接纳自己，找到自己，越来越能够全身心地投入工作和生活时，这种全心投入的感觉会让我们的内在能量生发，使内心变得强大异常。

当你能够认清楚并且接纳自己的缺点和弱点，然后承认自己在某些方面确实不如别人，承认自己在某些方面"做不到"并不是可耻的行为，自此之后，你的内心便不会被现实的一切所动摇，不会因为他人"过得比你好"而心生忌妒之心，也不会因为他人的"嘲笑、讽刺"而耿耿于怀，你的内心是淡定而平和的，不会为外在的一切所动，那么，你的内心就自然变得异常强大了。

"战胜自我"本身是一个伪命题

自小我们就被人教育要"战胜自我"，觉得战胜他人的人是有力量的，而能够战胜自我的人是真正的强者。为此，我们很多人在遇到困难、痛苦或挫折时，会不断地自我折磨，与内心的痛苦、挫折进行"较量"和"对抗"，最终在焦虑和痛苦中越陷越深，只能在迷惘中用"时间"这副良药来疗伤。

或许，你在"战胜自我"的过程中，你做出的最为典型的行为便是羞愧自责："我究竟是怎么了？""为何总被焦虑所缠绕？""为何霉运总是围绕着我？""为这点小事便去生气，自己该有多怂？"……我们在通过不断地责备自我来寻求解脱，其实，这个过程实际上是在"作茧自缚"，是在用他人的错误惩罚自己。面对伤痛，我们似乎选择了全力去抗拒，而不是让自己停下来暂时平静一下。

我们一心与焦虑、恐惧、忧伤等负面情绪来对抗。可是，无论我们如何努力对抗，它还是会如影随形地跟随着我们。痛苦的感觉总是能准时找上门来。于是，"战胜自我"便成了一个伪命题。

实际上，任凭你是谁，都无法去真正地"战胜自己"。与自己为敌，你注定会陷入无边的苦海中无法自拔。那么，如若无法对抗，那就学着去接纳吧。如若你战胜不了对方，就请先加入他们。同理，你无法战胜自己，却可以接纳自己；你无法战胜自己内心的痛苦，却可以学着去接纳它们。实际上，当你感到痛苦时，你完全可以摒弃去"战胜自我"的念头，懂得以一种全新的方式去接纳它们，与它们和谐相处，这便是"与自我和解"，也是与痛苦、忧虑及焦虑和解的真谛。

所谓的"与自我和解"具体是指尽量敞开自己的心灵，清醒地去接纳自己所遭受的苦，并对自己施予理解和关怀。即指的是用关怀他人的方式来善待自己。如果你在孤独悲伤时一向喜欢不断地打击自己，如果你在犯错后总是想逃离世界，或者一直沉浸在"悔不当初"的幻想中，这时"与自我和解"便是能让你获得解救的唯一方法。

晓蕾是职场中的精英人士，她对自己有着极为严格的要求，力求让自己做到尽善尽美。无论接到什么样的工作任务，她都会期望自己能做得更好、更完美。在准备一个培训或者演讲内容之前，她总会因担心自己做的不够好而心存焦虑，等到真的完成了，才会感到如释重负。什么事情是对的，什么又是错的，对于她来说极为重要，她更期待自己或者事情可以向对的方向发展，往一个更好的标准前进。她极少允许自己犯错，哪怕只是迟到几分钟，如若犯了错，她便会不停地责怪自己，让自己陷入深深的焦虑和悔恨中。

在同事中，她也被戏称为"拼命三娘"，因为她几乎没有请过病假。对于身体的管理，她也是力求完美，每周坚持进行一定强度的锻炼，比如跑跑步，游游泳什么的，因为这样对身体较好。本该被认为是极为强健的身体，却在一次单位体检中查出患了"乳腺癌"。这个消息对她来说无疑是个晴天霹雳，好似之前自己所认为的对的事情，又被重新打上了问号。躺在术后的病床上，她第一次开始反思、回顾，觉得自己太不懂得"善待自己"了。

自此之后，她开始学着改变自己：她不再强迫自己与自己较劲儿了，不再强迫自己"挑战自我"了。当生活中的苦袭来的时候，她会选择接纳它，然后去痛哭一场。在自己开心的时候，她允许自己哈哈大笑，在自己做错事的时候，她不再自责，只会淡然一笑，小声说自己"真是个小笨蛋！"……这样活着，她感到自己变得轻松多了，自己脸上的笑容也开始慢慢舒展开来！

在现实生活中，当周围的亲人或朋友在遭受痛苦时，你总能够给予关怀和温暖，而当我们自己身处困境时，你又有何理由不给自己同样的关怀和善待呢？要知道，当得到他人的谅解，我们会显得极为弱小，而当获得自我的谅解，你就会变得异常强大，因为那个时候，便没有什么负面情绪能够困扰到你了。

与自我和解能让我们变得强大，是因为直接与情绪伤痛进行抗争，我们无疑会深陷其中。在抗争的过程中，痛苦的情绪会变得极具破坏力，它能够击溃我们的理性思维、健康的身体。感情被困住了，冻结在时间里，而我们则被困在了感情里。因此，如果我们与自己内心的痛苦进行对抗，一切都会变得更为糟糕：人际关系中我们一直渴望的快乐便会因此而消失，工作中的成就感会跑到我们够不到的地方。我们疲惫不堪地熬过每一天，与隐藏在身体和心灵中的"焦虑情绪"争吵不休，那我们无论如何也难以尝到幸福的滋味。

面对他人的"不断否定",学着去接纳

接纳自己和爱自己的人,只在乎自己内在的感受与内心的和谐,面对外界的质疑、否定甚至是嘲讽,不会去与之辩解、排斥或对抗,更不会陷入焦虑的泥潭中无法自拔。

张华最近很沮丧,因为最近公司空降了一位新领导,总是否定她的表现。

张华算得上是公司的老员工了,四年多来,总是兢兢业业,尽职尽责。老领导交给她的事总会尽全力去完成。在各种公开场合中,老领导总会将她当作先进典型给予奖励。因为在老领导眼中,张华算得上是好员工的代表。

然而,老领导的调任,仿佛也带走了张华身上所有的荣耀与光环。这位空降的领导上任后,无论她多努力地表现自己,新领导始终对她不冷不热。更让她苦恼的是,新领导似乎总是通过不断地否定张华的表现来树立自己的权威。

一会儿批评张华在工作上不用心,太过粗心,总是忽略细节方面的考虑,一会儿又觉得张华的专业知识不够扎实……心理学中,有一个"挫折攻击理论"。其理论指出,挫折会导致某种形式的攻击行为。受到频繁否定的张华,自然情绪变得极不稳定,时常处于焦虑中的她开始一变原有的行事稳当的风格,经常表现出一系列的"低情商"行为。比如,在一些公众场合,张华竟然和领导唱反调,过后便感到后悔莫及,陷入焦虑中;有时,领导在微信群里通知消息,张华根本不予回应。除此之外,张华竟然还在背后说领导的坏话……张华正在通过一系列低情商的应对方式,来葬送自己的职业前程,同时也在焦虑中得不到解脱。

不可否认的是,在工作中我们都容易遇到不断否定我们的人,这类人似乎总是带着挑剔的眼光去打量他人,他们崇尚完美主义,总是能够快速地找出对方身上的不足，然后给予否定。从心理学的角度分析，这样的人往往在权威式的家庭氛围中长大，他们的父母大都较为严厉，总是喜欢否定自己的孩子。逐渐地，在苛刻中长大的这种孩子自然也会否定他人。

这些分析，虽然不能马上平衡你的内在情绪，但是会让你对那些否定、挑剔甚至伤害到你的人，给予一些谅解，而不是马上像张华一样以低情商的行为来发泄自己的情绪。要知道，这种做法会使你的工作环境充满负能量，消耗你大部分的工作热情，更为糟糕的是，你总是整天盘算着怎么去反击，整天想着如何去维护自己的自尊，整日都生活在焦虑中，如何能安心地在工作中做出成就来呢？

那么，面对他人的频繁否定，高情商者是如何应对的呢？

1. 接纳对方，也许对方并非在针对你

柳青的领导也是一个爱否定别人的人，用她的话来说，"上司每天都会将'可是……''但是……''这么差……'挂在嘴边"。每次受到她的否定后，柳青都会很生气。为此，刚开始她总是喜欢和领导辩论。但这种辩论往往会使她更加生气。后来，她发现了一个真相，而且这个发现也让她如释重负——那个喜欢否定她的上司，也经常会否定其他人。此后，她开始学着接纳，慢慢地情绪就变得稳定了。这里所说的"接纳"是指，当下一次上司再否定她的时候，她就会告诉自己："也许这个人并不是仅仅针对我，这只是他的一种固定行为模式而已。"

2. 接纳自己，相信你的价值是由自己来定义的

在现实生活中，有些人在遭到他人的否定后，便会沮丧难耐，觉得自己毫无价值，进而丧失前进的动力。实际上，这个时候，你应该相信自己的价值是由自己来定义的，它并不会因为他人的否定而消失。当有人否定你的时候，你就要大声地告诉自己：即使得不到你的认可，我的存在依然也是有价值的。如此你的情绪便也能够得到平衡。

3. 提升自己的能力

从心理学的角度讲，大多数烦恼和痛苦的产生，在于一个人总是执着于去改变自己无法改变的事情。很多时候，我们是没有办法去控制另一个

人对待我们的态度的。有时候，即便你很用心，对方还是会否定你。这个时候，你不妨告诉自己，此刻自己唯一能够把握的东西就是专注于提升自己。因为只有当自己变强大了，才会提升自己的信心，也才能受到他人的尊重。

获得安全感：建立良性的人际关系

生活中，还有一种焦虑源于内心安全感的缺失。这些人的一个重要表现就是，遇到一点风浪后，便会患得患失、不安难耐，还有事事都追求完美主义。从心理学的角度讲，一个人内心安全感的缺失，除了原生家庭的原因外，还有个人原因。对此，美国作家埃德蒙·伯恩说："安全感和安定感源于联系感，即与他人或外在事物相联系的感觉。当人失去与自己、他人、社会、自然乃至信仰的联系感时，焦虑就会出现。感觉与外界无关联或感觉疏离的时候，人更容易把某件事——几乎所有的事看成是对自己安全、健康和快乐的潜在威胁。寻找现代生活焦虑的根源，你会发现，多数时候焦虑都源自联系感缺失下的威胁观念。"的确，当一个人与外界的联系越来越少，就意味着与外界的连接越来越少，自身的能量得不到伸展，焦虑感自然也就来了。正如心理学家武志红所说："作为一个能量体，我们犹如一只章鱼，会不断地伸出自己的触角，如果这个能量的触角被接住和看见，它就得到了祝福，而变成生的能量。如果没有被看见，是被拒绝与忽略了，那么它就会变成黑色的、破坏性的、死的能量。如果一个人整体上觉得自己是被拒绝被忽略的，那么不管他外在看上去是一个什么样的人，他的内心，或者说是真我，都充满了破坏欲。"而这种破坏欲会向内攻击自己，那焦虑的情绪也就产生了。所以，要祛除内心的焦虑感，就要以开阔的心胸与外界建立连接，即更多地去与人交际，以开阔的心胸去接纳他人，而不是断掉与别人的联系。

晓枫说："我2岁的儿子有一天生气了，坐在客厅的沙发里，愤怒地哇哇叫。当时我正在因为换工作的事而焦虑，但看到儿子可怜的样子，便握起他的两个小拳头，放在一起亲了一下，然后他恢复平静的速度比平时都要快。这一举动后，我的焦虑情绪也顿时荡然无存。"

张岚说："我12岁的女儿正值青春叛逆期，她最近因为学习的问题陷入焦虑的状态中。当时我也没有及时发现她正为学习而烦恼。一天，她放学后在玩，我便不停地催促她去写作业，几次催她都未见行动。于是就大声地向她吼，她却急得直跳脚，朝我大喊大叫，一会儿竟然哭了起来……这时的我，顿时觉得自己的行为有不妥之处，立刻收起锋芒，使自己平静，张开双臂将她抱住，她立即也软了下来，依偎在我怀里。随后的几天，我经常安慰她，并且主动去拥抱她，她竟然变得平和多了。事后，我问她为什么一下子变得温顺起来了，她说，你一张开胳膊，我就觉得你是爱我的，我内在的'愤怒小孩'一下子被制伏了。"

刘晓说："老公最近因为工作压力大，回到家总是阴着脸，看起来极为焦虑的样子。刚开始看到他这样，我总是埋怨他为什么总把工作上的负面情绪带回家，接着便会发生激烈的争吵……后来，我改变了策略：每天到家看到他不高兴，很焦虑的样子时，我的第一反应就是伸开双臂抱抱他或者让孩子兴奋地跑到门口寻求他的拥抱，每次做完这些相互拥抱的动作，他的负面情绪便很快烟消云散……"

人本主义心理学家罗杰斯说："爱，就是深深的理解与接纳！"而理解与接纳，就代表你与他人建立了良性的连接，而良性的连接是摆脱生活焦虑的有效良方。当一个人处于焦虑、痛苦等状态中时，拥抱意味着爱，更意味着其内在的负面情绪被"看见"。所以，生活中，欲想减小焦虑的情绪，那就去有意地与他人建立良性的连接。无论是谁，伤心的时候，不用给对方过多地讲道理，只需要静静地倾听，然后再伸出双手去抱抱他，良性的连接便很容易被建立起来。即便是刚发生完冲突的两个亲人，如果一方想要与另一方达成和解，就不要去与对方争论对错，只需要一方敞开双手去拥抱另一方，其内在的愤怒就会消解，关系便能得以缓和。这是因为另一方的负面情绪被"看见"，所以其内在的情绪得以自由地流淌起来了。

知名心理学学者乔拉米卡利说："只有当我们能够真正理解他人的感受时，我们的内心才将收获一直寻觅的融洽的幸福。"对于我们而言，共情是一个人能够理解另一个人的独特经历，并对此做出反应的能力。共情能够让一个人对另一个人产生同情心理，并做出利他主义的行为。当你对他人表现出共情时，他们的防范意识就会下降，积极的能量便会取而代之。

内心敏感者的自救：从爱自己开始

很多时候，人的焦虑是因为内心太过敏感。他们总是过于在乎他人的看法，对外界的一些反应都容易滋生出焦虑的情绪。别人一句无心的话语，都会让他们思索良久，别人一个无心的动作便会让他们思索对方是不是在说自己坏话、在针对自己，或者自己究竟是哪方面出了差错，很轻易便对号入座……当然，一个人个性敏感，并非是天生的，而是后天一系列的因素形成的，尤其是不和谐的原生家庭氛围是滋生敏感个性的温床。比如那些自小生活在父母争吵环境中的孩子；总是被父母否定、训斥和嘲讽的孩子；自小缺乏爱，父母总是回避或忽视他们内心感受的子女，长大后就很容易变得敏感和自卑。不和谐的原生家庭，父母不够稳定的情绪，突如其来的家庭变故等，都会导致孩子长期处于紧张的情绪中，他们总是患得患失，总是会猜测父母今天的心情如何，自己做些什么才可以让父母开心，如何才能不被父母抛弃，如何才能不让他们分开等，他们一直不停地思考，为了体察家庭中的一切，他们的神经系统必须高度紧张，久而久之，便形成了脆弱与敏感的心理。

今年35岁的安妮是一家企业的职员，是个极为敏感的女孩，所以总是极难结交到好朋友。如今的她都工作好多年了，但对别人讲的所有的事情还是过度敏感。在平时的生活中，她说自己根本无法按照字面意思去理解别人说出的话，总觉得对方在有意无意地嘲笑、讽刺或针对自己。在工作中，同事的一句无心的话，便会让她难受好几天。尤其是领导跟她讲话时，她总是会想东想西，总是会忍不住去猜测领导话语的背后意思，不仅白天想，到了晚上躺在床上时也还是忍不住会去瞎琢磨……总之，任何事情都能想出一些不好的可能性，无尽的焦虑、煎熬和痛苦总是围绕着她，她觉得自己已经撑不住了。

在谈及自己眼下的经历时，安妮表现得很坦诚，但当心理咨询师问及她童年的经历时，她却表现出沉默的态度。后来在心理咨询师温和的试探和引导之下，她才勇敢地说出了自己以前的经历。她说，自己对童年最深刻的记忆就是父亲对她的嘲笑。父亲是小学代课老师，总是希望自己的孩子能智力超群，学习成绩能名列前茅，可小时候的安妮却是个反应有些迟钝的女孩，学习成绩总是不及格，这让她的父亲难以接受。于是，便总是嘲笑她说："你的智商那么低，一定不是我的女儿！""看看你，怎么那么愚蠢，动物都比你聪明！"……那时安妮还不到十岁，这让她很受伤。对于那个时候的她来说，在挨打和嘲讽之间，她说自己一定会选择挨打，因为挨打后的伤痕是看得见的，至少还能招来其他人的同情。但是责骂则会让人内心受伤，关键是寻求不到外界的任何安慰，甚至根本没有人将那些伤害放在心上，他们以为一个小孩子没有记忆，也不会将那样的话放在心上。可对于安妮来说，那种被侮辱和否定后精神上的撕裂感真是让人难以忍受。

身为父亲的嘲弄对象，安妮竭尽所能去掩饰自己无能的感觉。在被父亲不断"否认"的环境中长大，安妮做什么事情或说什么话都是战战兢兢，不自信的。为了避免被父亲嘲笑或讽刺，她的神经末梢一直都是暴露在外的，在这种持续性的紧张环境中，安妮总会觉得有人要伤害和羞辱自己。她的过度敏感、羞怯及对别人的缺乏信任也是她努力保护自己不受到伤害的必然手段，但同时也是毫无效用的办法。

在现实生活中，一些家长在教育孩子的过程中，会忍不住说一些贬损他们的话，对其外表、智力、能力或作为人的价值进行语言上的攻击，比如他们会在心情不好的时候骂孩子长相太丑，根本不像自己亲生的，骂孩子愚蠢、没用等。人在发火的情况下，很容易会忽视孩子的内在情感，不会考虑到他们的自尊心，也无视自己频繁的言语攻击对孩子尚处于成长中的自我意识所产生的长期影响。过后，他们会觉得他们的批评和谩骂没对孩子产生多大的影响，但是在孩子成年后，孩子会变得自卑、敏感与低自尊，这会对他们融入社会以后的人际关系产生极为不好的影响。

那么，在现实中，个性敏感者如何通过有效的心理干预去疗愈自己，去除长期潜伏在内心的焦虑情绪呢？

1. 用理性的"内在成人"来摆脱"内在小孩"的控制

一个人的"内在小孩"，是其性格组成的一部分。由于这种性格特质，是通过童年经历和先天气质形成的，所以心理学家称之为"内在小孩"。而这个"内在小孩"的角色，在很多时候决定了我们的感受与行为方式，即便是在长大之后，我们还会形成一个"内在成人"的角色，而且对于一些问题的发生，也会有极理性的思考，可是我们仍旧被"内在小孩"所操控，因此生活中，很多人都会觉得："身为成年人的我，这些道理都懂，但仍旧改变不了自己。"由原生家庭带来的个性敏感者，正是受困于"内在小孩"这个角色所形成的一系列要求和准则，然后一直以此去生活，但他们却从来不自知。所以，在生活中，敏感者可以通过"内在成人"这个角色去调整这一切。比如，当有人在窃窃私语，你觉得他们是在说你时，这是你的"内在小孩"在控制你，当你意识到这些时，你要及时调动你的"内在成人"来纠正这一看法，你可以告诉自己，他们窃窃私语是他们的事，自己又没做什么损害他们利益的事，那根本不关我的事，我也不必过于忧虑。再比如，当老板找你谈话，只是交代了一下你下一步需要改进的工作方向，这时你可能会觉得老板是不是在对自己以前的工作表达不满，是不是要找借口辞掉自己了呢？这是你的"内在小孩"在控制你，这时你可以立即调动你的"内在成人"来纠正这一看法，你可以告诉自己：自己以前的工作虽然不出色，但也并没有犯什么错，老板为我指路，就是希望我能把工作做得更出色，接下来我只需要持续性地改进自己的工作，为公司创造效益，就一定会获得老板的青睐的……你如果能一直坚持这么做，久而久之，你就能够扭转身上的敏感特性。

2. 做真实的自己，全面地接纳自己

高敏感的人通常都是低自尊者，他们对自己的能力不够自信，缺乏安全感，总是怀疑自己是否足够优秀，是否能获得他人的接纳。这种怀疑和担忧的本质是无法接纳真实的自己。对于个性敏感者来说，你要清楚地知道，每个人都是不尽完美的，包括自己在内，自己的敏感主要源于对自身条件的不满，因为这种不满才会让自己不断地打压或否定自己。所以，我们要消除这些疑虑，就要接纳自己的不完美、不够优秀，接受与期望中的自己的落差。当然这并不意味着不求上进，不思进取，而是能在努力的过程中认识到自己在一点点地进步，从而获得自信。要明白虽然还未达到自己期望的样子，但自己正在慢慢变好。

3. 大胆把自己内心的感受说出来

个性敏感者，总是喜欢对别人的言行进行过分解读，一旦解读出不好的信息，就会产生不好的心理感受。而解决这一问题的办法就是你要大胆地将你内在的心理感受说出来，让别人知道。比如别人开玩笑说："你怎么不说话呢？难道是表达力欠佳？"这个时候，你不要去过度地猜测别人是在鄙视你，还是关心你，而是大胆地表达自己的感受："我觉得没有必要表达就不说话了，你尽管表达你的观点就行了呀！"

大胆说出自己的心理感受，让别人知道你的想法，你也更进一步知道别人的想法，这样信息就会表现得更具体，你也没机会把信息放在心里让自己去分析。

4. 懂得移情，停止去纠结

当你因为敏感而产生一些灰暗或消极的想法时，就要懂得移情，即让自己的注意力转移到其他想法上。切勿让自己长时间地陷入一种想法当中，因为当我们专注于一个想法时间越长，大脑就会不断地搜集相关的一些"证据"去佐证这个想法，加深我们对于这个想法的感觉。所以，在生活中，当你发现自己深陷于一种想法时，那就让自己暂停，学着去转移注意力，找些其他的事情或去思考一些有助于个人成长的想法。

总之，对于敏感者来说，一定要懂得正确地爱自己。无论别人如何不理解你，无论别人怎样看你，这些都不重要，重要的是你一定要学着去爱自己，去接纳自己，去做真实的自己，并且尽力去找到自己所热爱的事情，并投入其中，建立属于自己的价值，找到自己的存在意义，当你成为更好的自己时，所有的关于他人的看法或对你的态度等都会变得无关紧要。

不苛刻，不自责，接纳自己的不完美

我们的生活中，时常充斥着类似于这样的声音："我觉得我自己不够有领导力，虽然我从小到大一直都是班长，但我觉得自己不够霸气，没有其他人那么有号召力。"

"我觉得自己比较差，从上学到毕业，考试都没及格过，可见我的智商真的不高呀！"

"我觉得自己性格很有问题。我比较内向，常常不知道怎么和领导打招呼。上台演讲的时候，我也很容易紧张。"

……

以上这种千奇百怪的说法，归纳成一句话，那就是"我有问题"。这些声音也是置人于焦虑的主要原因。从根本上说，这是不接纳自己的表现。这里的不接纳自己，就是对自己有诸多的要求，时时对自己产生不满情绪，总是处于自责中，焦虑自然丛生。同时，他们也经常拿苛刻的条件去要求他人，尤其是关系近的人，经常盯着他们不好的方面，对他们不满，丝毫没有耐心。

今年30岁的丽达是深圳一家公司的高管，年薪40万元左右，人长得漂亮身材也不错，并且已经在深圳安家。在很多人眼里，她是大家羡慕的对象，生活富足，无忧无虑。但她自己却觉得自己过得很不幸福。

她时常会向朋友抱怨说，自己其实一点都不优秀，她总是会忍不住盯着自己的缺点自怨自艾，强迫自己一定要去改善，一定要将事情做得足够完美。尤其在工作中，稍有差错，她就会自责不已。尽管她已经是上司与同事眼中的佼佼者，但是她觉得自己活得很累，一点都不开心。

对心理方面颇有研究的她也了解到，自己之所以对凡事都苛求完美，是因为她自小在苛刻的环境中长大。丽达在很小的时候，她的父母就对她管教极其严格，严格到苛刻的程度，长大后，她也是这样要求自己，因为对自己要求高，也努力，所以她获得了现在的成功，但是觉得太累了，现在她想要放下，却发现没那么容易，每当事情有一点点不完美时，自责和内疚就自动冒出来。

丽达的表现就是不能接纳自我的表现，在旁人看来，她是极为优秀的，但她内心的种种对自我的苛求和责备使她处于痛苦和烦恼中无法自拔。她的内心是敏感的，无法容忍别人对她的否定，很容易受到源于现实的伤害。生活中，我们多数人的烦恼、痛苦和纠结，都源于我们无法接纳自我，对自我始终持否定和苛责的态度。

心理学指出，爱自己的前提就是懂得接纳自己，包括悦纳自身的缺点，即允许自己犯错，并且自己能够承受犯错所带来的结果，而不是通过辩解、指责来进行自我保护。同时，允许自己在某方面有弱势，并不为此而感到自卑。其实，自我接纳也是反思环境、他人对自己的影响，重新选择目标，而不是潜移默化地受环境、他人的影响去做事，做不到的时候，就自动自责、内疚。自我接纳是做自己，而不是做受环境和他人影响的受害者。那么，要积极地接纳自我，我们应如何去做呢？

1. 了解一下身边其他人的情况

小时候，父母总是说"看看别人家的孩子"，让你有一种错觉，即别人家的孩子都挺好，就你不行。实际上，大家都差不多，要意识到大部分人都跟我们差不多，只不过对方的优点过早地显现出来罢了。如此这样想就容易接纳自我。

2. 要清晰地意识到自己为何会变成如今这样

我们对自己有诸多的要求，完全是内化了小时候父母、老师对我们的要求，他们用种种方式告诉你，如果你不按他们的要求做，你就不优秀、不讨人喜欢，所以，为了证明自己能行并获得他们的喜欢，我们便内化了这些要求，认为自己一定要做到，否则自己就不够优秀，就不值得被爱。小时候，我们没有机会，因为我们也不懂，只能受环境影响，但是长大后，我们可以选择去接纳，无论我们做到与否，我们都有自己的价值。

3. 感恩那些不接纳自我的时光为自己带来的成长

过往的不接纳经历，其实并不一定是坏事，就像故事中的丽达一样，她对自己的不接纳，虽然给她很大压力，也不幸福，但也是她奋斗的动力，正是因为她对自己强烈的自责与不满，让她持续努力，只是努力到一定程度之后，在适当的时候一定要懂得放下。

感恩那些不接纳自我的时光带给我们的成长，也适时放下，如果觉得过往的都是错的，反倒是另一种不接纳，也容易充满抱怨，更难放下。

其实，接纳自己是需要一个过程的。你这么多年养成的对自我苛责的习惯，不是想放下就可以放下的，自我接纳，就是要先从接纳"不接纳的自己"开始，给自己一点时间去成长，成为内在和谐的自己。

这里我们需要知道的是，自我接纳，并非是对自己没要求，而是将苛责化的要求变成选择，选择那些自己真正喜欢做的事情并全情地投入，放弃那些为了他人、环境认可而"迫不得已"做的事情，让心灵获得自由。

懂得向现实低头：世上没有过不去的坎

在一个访谈节目中，一个尚未成熟的孩子问起王朔，《我的千岁寒》究竟在讲什么？王朔坦然地说："这是一本悲观的书，是在极其悲观的心态下写出来的，家里没死过人的不要看，小孩不要看，没有经历过人生苦痛挣扎的，过得幸福的人不要看！"然后孩子继续问他："那你一定是在极其绝望的状态下写出来的了？为什么要绝望？"王朔继续回答："一个星期死三人，都是自己最亲近的，我能不绝望吗？再说了，在这之前，我总是写死亡，却从来不知道死亡就在我身边！我突然极其畏惧死亡！"

从中我们可以体味出王朔先生面对生活突如其来的变故所产生的极其悲凉、无奈的心情与那种彻骨的疼痛，当然其中也饱含着无尽的焦虑。其实，在生活中，每个人都会遇到人生的"坎"，比如亲人突然离世、突然失业、家庭的变故或者是天灾人祸等，对此，很多人会痛不欲生，焦虑难耐，觉得自己过不了那道"坎"。这个时候，我们要学会与自己和解，即学着去接纳这些变故，并懂得向现实低头，将这所有的一切看成是生命的一种必然或考验，时刻告诉自己，世上没有过不去的坎，以积极的态度去处理后面的事情，而不是让自己一味地沉浸于焦虑甚至悲伤之中无法自拔。

焦虑与痛苦犹如欢乐一般，都是人生必不可少的一部分。当它们袭来时，我们要学着去接纳已经发生的事实，然后再学着去体会焦虑、悲伤、痛苦，以积极的态度去面对未来。要知道，你若一味地沉浸其中，纵使万箭穿心，痛不欲生，也仅仅是你一个人的事，别人也许会同情，也许会嗟叹，但永远不清楚你的伤口已经溃烂到何种境地。所以，我们凡事要看淡一些，心放开一些，一切都会慢慢地变好的。

约翰经营十几年的贸易公司由于资不抵债而宣告破产。从那之后，他原本开朗的性格就变得异常，心中充满焦虑，每天都会在朋友面前抱怨生活的不公。他的内心也变得异常孤独，三年里，他没再出去工作过，与外界也不接触，脸上的表情总是硬邦邦的，几乎看不到一丝笑容。

有一天，约翰在路上走着，忽然看到一幢他之前非常喜欢的房子，房子的周围竖起了一道新的栅栏，那房子虽然很旧，但是院子却被主人打扫得干干净净，院子之中种着各种各样的花草，显得很和谐。约翰注意到里面有一个系着围裙、身材瘦小、弓腰驼背的老妇人在拔着杂草，修剪鲜花。约翰不得不停了下来，长久地凝视着栅栏中的一切，看那个弱小的妇人正准备用割草机修草坪。

"喂，您家的庭院，真是太美丽了！"约翰心中一激动，便挥动着手，冲着主人大声喊叫。那妇人也蹒跚着站起身，看着约翰。她微笑着，对他喊道："到门廊上坐一会儿吧！"

约翰便同妇人一同走上后门的台阶，那位妇人打开拉门，说道："这些年我都是独自一个人生活，没事的时候，我就打理我的庭院，经常会有人来我这里聊天，他们喜欢看到漂亮的事物。有些人看到这个栅栏后便会向我招手，几个像你这样的人甚至会进来坐在门廊上与我聊天。"

"但是最近听说前面这条路可能要扩宽了，你的庭院可能要被拆掉了，难道你的内心不介意吗？"约翰问道。

"变化是生活中的一部分，也是铸造一个人性格的重要因素，当不喜欢的事情发生在你的身上，你要面临两个选择：要么痛苦愤怒，这样会让自己越来越痛苦，因为你不断地重复自己的痛苦，每重复一次，就会让自己再痛一次，久而久之，伤痛就会成为你生活中的一部分了；要么就振奋进步，用微笑和努力将痛苦掩埋，它就再也不会影响到你了。我知道，太阳每天都是新的，它从来不会因为你而改变什么，既然如此，不如选择后一种……"

听到此话，约翰的内心深处有一种新的感受，只觉得，自己由愤怒筑建起来的坚硬的心灵围墙轰然倒塌了……

太阳每天都是新的，与其被焦虑和痛苦折磨，不如选择与自己和解，懂得接纳它们，将它们看成是人生的一部分，然后淡然地对待。事情既然已经发生了，就要懂得向现实低头，做到不抱怨、不怨恨，静静地让"不幸"从你人生中过去。

其实，人生没有过不去的坎，任何苦难，都会成为永久的过往。人的承受能力，其实远远地超乎我们的想象，只是不到关键时刻，我们很少能够明白自己的潜力有多大。

先宽恕的人，先得到解脱

有位哲人说，别轻易去恨一个人，那是对自我施加的一种"酷刑"。你在恨对方的时候，对方不会受到任何的痛苦，而最终受尽折磨的却是自己。所以，生活中与人发生冲突或矛盾时，比如面对他人的故意冒犯、爱人的背叛、亲人的背信弃义、上司的故意刁难等，与其让仇恨在心中酝酿，让自己焦虑不堪，不如学着去宽恕。很多时候，宽恕别人，也等于在放过自己，使自己得到解脱。

陈丽和高枫可谓是青梅竹马，在年轻时都曾信誓旦旦地向彼此承诺：这辈子非她不娶，这辈子非他不嫁。

后来，到谈婚论嫁时，因为家庭的种种阻挠让他们的爱情变成了相互的一种折磨。在无奈之下，高枫就和另外一个女人结婚了。陈丽听到这个消息，感觉自己的心都要碎了，万念俱灰，想以死来了却此生。然而，正当她准备这样做的时候，心中顿时升腾出恨意来：就这样死去太便宜他了，要活下去，一生不嫁，并报复他、折磨他，让他愧疚一生，不安一生，痛苦一生。

这期间，陈丽几乎每天都要到高枫家的门前，她并不做什么，只是不停地去打扰高枫的妻子及他的孩子。当高枫主动和她搭话，一次次尝试向她道歉的时候，她却置之不理。她能感受到他内心所遭受的良心的谴责，但看看自己孤灯清影的寂寞，她就觉得这一切都是他造成的，他必须要付出代价，她坚持自己的报复。

就这样，陈丽每天都在痛苦中度过，终于在她54岁那年抑郁而终。悲哀的是，直到生命的最后一刻，她也没有感受到报复带给她的任何的快感，反而感觉自己的生命太过苍白。她不断地回味、咀嚼着自己的过往人生，她发现自己从来没有快乐过一天。她的冰冷，让所有的朋友都远离了她，而她自己从来没有真正对周围的人笑过。看着满脸的皱纹，满头的银发。她开始后悔，后悔自己将一生都绑在了对他的仇恨上，后悔没有体验到做妻子、做母亲的美好……

仇恨只能让我们的心灵生活在黑暗之中；而宽恕，却能让我们的心灵获得自由，获得解脱。对别人心存仇恨，最终最受折磨的还是自己，而陈丽如果能宽恕高枫，那么，也不至于让自己的一生都落得悲惨的下场。

其实，每个人的生活都逃不开这样的规则：所有敌对的开始就是一切悲剧的开始，无论任何时候，你在必须面对的时候，你选择的态度其实就已经决定了整件事件的走向和结局。包容和接纳就会是祥和和喜剧，挑剔和敌对就一定是争吵和悲剧。既然你已经知道了结果是什么，那为什么不选择一个好的开始呢？

一位智者曾经这样说过："你必须宽恕两次。一次是你必须原谅你自己，因为你不可能完美无缺；另一次是你必须原谅你的敌人，因为你的愤怒之火只会让你变得更加愚蠢。"一个人的胸怀能容得下多少人，就能够赢得多少人。所以，生活中在与他人相处时，要学会宽以待人，即对他人不过分、不强求，以宽为怀，能让人时且让人，能容人时且容人。

很多时候，宽恕就是将心比心地谅解对方的过错。仇恨、埋怨等，只会让你的世界越变越小，让你的人生之路越走越窄。既然退一步能海阔天空，我们又何必对眼前的是是非非斤斤计较呢？

莎士比亚忠告人们说："不要因为你的敌人而燃起一把怒火，结果却烧伤了你自己。"这其实在告诫我们，做人要学会容纳，学会宽恕别人。与人方便，也是与己方便。生活中，多为别人着想，能够时时将心比心，那你的人生便和谐了。

剥去"假装"的外衣，学着向内心妥协

埃德加是华尔街金融商圈中的"风云人物"，今年26岁的他，已经是一家大型金融公司的经理了。大家佩服他，他不仅有着精明的头脑，还有良好的心态，并且挺过了一次又一次的危机，依旧屹立不倒。但突然有一天他太太向他们夫妇共同的朋友班杰明哭诉，想让他劝劝埃德加。细问之下才知道，这位在外面光芒四射的金融才子回到家中原来是另一番样子：摆臭架子，不爱说话，极容易焦虑，对人发脾气。班杰明劝慰道："这可能是他本身的工作压力所造成的。"但是太太却摇了摇头："不是，我跟他沟通过，工作有不开心就讲出来，但他却不说，现在对小孩也缺乏耐心，孩子一听到他回家的声音就害怕，我也实在是受不了！"

在外自信满满，风光无限，笑脸对人，内心却异常焦虑、煎熬，尤其回到家时却摆张臭脸，随意发脾气，这其实就是在外面时，做了自己很不愿意做的事情，使心灵受到了"委屈"，而回到家，即一个绝对安全的地方后，他便开始随意地发泄，家庭成员也完全变成了他的出气筒。

无论在工作还是在生活中，大多数人都是活在他人的"期盼"中的：希望成为领导眼中的"好员工"，同事眼中的"好搭档"，朋友眼中值得交往的"老实人"……为了完成这些"角色"，我们会不由自主地委屈自己的内心，去努力勤奋，强颜欢笑，有求必应，去潇洒倜傥……心中慢慢地便会积攒起更多的怒气或怨气，而家则是一个无须任何伪装的地方，于是，他们的真性情便在家中淋漓尽致地表现出来，这些怒气、怨气和委屈也便发泄出来了。

我们的内心似一个容器，里面盛着人的喜怒哀乐。在工作或生活中，我们为了讨好他人或获得他人的认可、肯定，便会时时地委屈自己，进而会积攒越来越多的怨气，焦虑自然也就来了。

心理学家指出，一个人若总爱故作坚强、装乐观，只会让自己越来越迷失，越来越委屈，越来越焦虑。要让自己自在的活着，就要懂得时时为心灵剥去那些"伪装"的外衣，与内在的自己和解。这里所谓的和解，是指在你遇到不情愿或不快乐的事情时，学会向内心的自己妥协，放下外在的伪装，跟随内心的意愿去行事。其实，自己向自己妥协并不可悲，真正可悲的是违背自己向他人妥协。要知道，"皇帝的新装"得到再多人的赞赏也总有被人揭穿的一天。只有出演一个本色的自己才能达到内心的和解。你的内在才会感到舒服，内在舒服才能自信从容，自信从容自然就会流露出不凡的风度和气质，才更容易获得他们的青睐。

我们都该清楚的是，无论谁的生活都是其自身在时刻参与的，你的参与才造就了你的生活。你的参与包括方方面面，包括你的行动也包括你的内心，也许坚强有担当的职业形象有利于你自身的发展，但是内心的压力却无处排解，它终归会爆发，所以就需要我们自身去调解。能够与自己的内心和解，才是真正的内心强大。

有时候，我们真的太过与工作或生活较真儿了。你伪装的面具，也许在他人眼中，早已经一眼看穿，只是大家都心酸地明白我们为什么要这样互相包容互相捧场。就好似皇帝的新装，心照不宣地互相维护着各自的尊严。可是，是不是当天真的诚实的孩子说破这个谎言后，大家便反而舒服了呢？

第七章

内心足够强大，任何事与物
都不会令你焦虑

王阳明说过这样一句话：真正的生活在内心，只有内心强大才是真正的强大。它告诉我们，个人所向外呈现的一切皆源于人的内心，心是一切的根源，焦虑、痛苦等一系列的负面情绪皆源于那里，对此，我们要从根本上祛除负面情绪，过不焦虑的生活，首先就要让自己的内心强大起来。只有内心强大了，外界的任何事与物才不会令你焦虑，就会达到一种"泰山崩于前而面不改色"的至高境界。

多数的焦虑源于：对当下问题的无能为力

心理学家认为，一个人在悔恨或事情得不到解决的时候，才会滋生焦虑的情绪。同时，在别人没有依你的期望或预期行事，其内在的情感上得不到满足时，才会忧虑、生气。焦虑很多时候源于自身的无能，所以，当你因为事或人而处于焦虑状态时，最好的办法就是反思自我，提升自己的能力，强大自我。

工作中，我们常会因为上司的一句批评而情绪低沉，对接下来的工作心存焦虑，也会因为他人的嘲笑、挖苦而烦躁难耐，也可能会因为目前自身的身体状况不佳而愁眉不展……我们之所以会为此痛苦、烦躁，都是因为自己无法处理面临的各种困难，这些难题不会随着时间的流逝而淡化，反而会逐渐成为像巨石甚至大山一样的负担。时间越长，人越容易发现自己依旧不能解决这些难题。这种负担是人焦虑情绪的起源。究其本质，则是我们不能承担这种负担，无法解决困难并改变自己当下的处境。

这就可以理解为，人在面临难以解决的困难时通常是软弱的。而人苦于无法解决困难，逐渐认识到自己无能为力，除了怨天尤人之外，其情绪的主要表现就是忧虑，而且是毫无意义的忧虑。很多人在内心焦虑时，都会将坏情绪宣泄到他人身上，这种不理智的行为，是极其愚蠢的。所以，要做一个智者，请别轻易焦虑，而应该像卡耐基所说的，与其焦虑，不如学着从困境中吸纳长处和精华，化为自身强身壮体的"钙质"。

49岁的伯尼·马库斯像往常一样，拎着心爱的公文包去公司上班。

在20多年的职业生涯中，他始终都是勤勤恳恳、兢兢业业，因此坐到今天职业经理人的位置上。他只需要再这样工作11年，就完全可以安安稳稳地拿到退休金了。可是，他万万没有想到，这却是他在公司工作的最后一天。

"你被解雇了。"

"为什么？我犯了什么错？"他惊讶地问。

"不，你没有过错，公司发展不景气，董事会决定裁员，仅此而已。"是的，仅此而已。他听到这个理由，内心的怒火顿时蹿上来，想在公司大闹一场，把董事会的成员给揍一顿。但是，他却控制住了。因为他知道，接下来解决繁重的家庭开支才是最主要的，愤怒能解一时之气，却并不能解决全家的生活问题。

在那段日子里，他的内心焦虑极了，他经常会去洛杉矶一家街头咖啡厅，一坐就是几小时，以此来化解内心的苦闷。

有一天，伯尼·马库斯遇到了自己的老朋友——同样遭到解雇的亚瑟·布兰克。他俩互相慰勉，一起寻求解决的办法。"为什么我们不自己创办一家公司呢？"这个念头像火苗一样，点燃了两人压抑在心中的激情和梦想。于是，就在这间咖啡店里，他们策划建立新的家居仓储公司，制定出了"拥有最低价格、最优选择、最好服务"的制胜理念和使这一理念得以成功实践的一套管理制度，然后就开始着手创办企业。那是1978年春天。

20年后，他们的原本名不见经传的小公司发展成为拥有775家分店、15万名员工、年销售额300亿美元的世界500强企业，就是闻名全球的美国家居仓储公司，成为全球零售业发展史上的一个奇迹。奇迹开始于20年前的一句话：你被解雇了！

一位哲人说，一个人在没有实力的情况下，随意发泄坏情绪是毫无意义的事情。所以，当你人生陷入困境中，焦虑除了给你增加痛苦和精神压力外，真的毫无用处。要知道，你的生气、焦虑只是因为你无法解决当下的问题，如果你随意发泄，不仅会毁了你的形象，还会将你的缺点和短处暴露无遗。所以，与其无休止地愤怒，不如及时行动，努力去改变或扭转既定的事实！正如马库斯一般，在绝望中寻求希望，再付诸行动，才能真正解决掉你的问题。

其实，人在无能或无可奈何时，要解决自身的痛苦，一般有这几种途径：

1. 正视困境，正视自身

意识到困难是一种生命过程，把困难当作一种磨炼，通过面对困境来锻炼自身的意志力，让自己能够从心理状态到实际能力都得到增强，提高自己的能力，使自己能够解决问题，化解危机，基本根除痛苦的根源。

2. 认识到困难不可避免，以及自身的各种弱点和缺陷

承认自己的软弱和卑微，但采取顺其自然的方式，乐观淡然面对困境，在力所能及的情况下，努力对自身和处境都做出改变，尽可能地减少困难对自身产生的影响，弱化痛苦给自己带来的伤害。

3. 在困难中看到自己的失败，发现自己难以改变一切

用其他事情分散自己对困境的注意力，并试图逃避解决问题，避免做出决定性的选择，自甘懦弱，逐渐变得麻木、漠然，视痛苦或愤怒为无物，以戏谑心态面对一切。

保管好快乐的钥匙，别把它交给旁人

每个人的心中都有一把快乐的钥匙，但我们会不自觉地将它交给旁人去保管。生活中，经常听到有人会有类似的抱怨："我最近过得很不快乐，因为朋友的误解让我焦虑极了。"他其实是把自己快乐的钥匙交到了朋友的手中；一位员工说："我今天很焦虑，被客户坚决地回绝了！"他其实是把快乐的钥匙交到了客户手中；一位妈妈说："我的孩子真不听话，气死我了。"她其实是把快乐的钥匙交到了孩子的手中；一个男人说："真是丧气，老板总是对我冷言冷语，工作真是太过压抑了。"他把快乐的钥匙交到了老板的手中……生活中，很多内心虚弱者都在做同一件错误的事情，就是让他人来控制自己的心情。当你允许他人来掌控你的心情时，你便会在工作和生活中不停地抱怨、随意发怒、情绪焦虑，有些人甚至患上了忧郁症，在悲观、怨恨和焦虑中一蹶不振。

哈伦斯是一家著名杂志社的心理学顾问，一次，他与朋友一起去一个

报摊买报纸。交完钱，那位朋友礼貌地对卖报人说了一声"谢谢"，但是对方却阴着脸，态度极为冷淡，没有一句客套话。

"那个家伙真是讨极极了，不是吗？"在回家的路上，哈理斯问道。

"是啊，他每次都这样，很少对人笑。"朋友漫不经心地说，丝毫没有生任何气。

"那你为什么还要对他那么客气呢？"哈伦斯有些疑惑了，他为朋友打抱不平。

朋友则只是微微笑了一下说道："我为什么要让他决定我的行为呢？"

一个内心强大的人，会懂得牢牢地握住属于自己的快乐的钥匙，他不会期待别人带给他快乐，反而还能自我把控，把快乐和幸福传递给他人。这样的人，时刻都是情绪的主人，不以外界的人和物的影响而悲喜。

一天，张苏因为与同事处不好关系，心情烦躁，就去找自己的大学老师聊天。一见面，张苏就表现出一副愁苦的样子，向老师感叹自己虽然满腔抱负，但因为在工作中表现得太过积极和热心，总受那些混日子同事的指责和排挤。

老师听罢，哈哈一笑，沉默不语。只是端盆水果递给他吃。张苏因为心情烦躁，就摆手说自己平时不爱吃水果。老师还是让给他，张苏仍旧摇着手不接。老师仍旧微笑着，放下果盆，对他说道："看看吧，你不接的话，我还得收回来！就像别人在背后指责你，你如果不为此所动的话，话语不是还得被说话者收回来吗？"张苏猛然醒悟，别人的指责和谩骂，如果自己不当回事的话，对方又怎么能伤到自己呢？恐怕伤到的只是他们自己吧！张苏立即对老师的智慧感到敬佩。

的确，为他人的言行去生气，是拿别人的错误去惩罚自己。别人对你的冷漠也好，恶语相向也好，其目的就是让你难受、生气、愤怒甚至焦虑，如果你果真去生气、焦虑，不就正中了对方的下怀么？而如果你全然不去理会，那受惩罚的自然就是对方了。我们在任何时候都无法阻挡别人的行为，唯一能把握的只有自己。你要将快乐的钥匙紧紧地抓在自己手中，别轻易将它交给别人！

另外，你也可以尝试用以下的方法去平衡自己的情绪：

1. 当你因为别人而生出坏情绪时，你可以用下面的几句话告诫自己：生气，是拿别人的错误折磨自己；焦虑，是拿别人的过失折磨自己；忧虑，是用虚拟的风险惊吓自己；自卑，是拿别人的长处诋毁自己。默念几遍后，你也许就会释然。

2. 当坏情绪袭来时，你可以这样问自己：我为什么要焦虑？我这样能从根本上解决问题吗？我因为别人而生气，不是在跟自己较劲吗？这样问过自己之后，你的坏情绪可能就会有所缓解。

世上根本没有值得你忧虑的事情

著名诗人安瓦里·索赫利在其诗中这样写道："让世俗的万物从你的掌握之中溜走，不必去忧心，因为它们没有价值；尽管整个世界为你所拥有，也不必高兴，尘世的东西只不过如此；我们该从自己的心灵之中找归宿，快一些，无物有价值。"

世间的万物都是过眼云烟，我们无须为所有无价值的东西去忧虑，活在当下，寻求当下的快乐才是生命永恒的真谛。但是，现实生活中，很多人却不懂得这个道理，整日让无谓的忧虑去缠绕自己的内心。

在春秋时代，有一位杞国人，总是担忧有一天会突然天塌地陷，自己无处安身。他为此事而愁得成天吃饭不香，睡觉不宁。

后来，他的一位朋友得知他的忧虑后，很是为他的健康而担忧，于是特意去开导他说："天，不过是一些积聚的气体而已。而气体是无处不在的，比如你抬腿弯腰，说话呼吸，都是在于际间活动，为何还要去做无谓的担忧呢？

那个杞国人听了，仍旧心有余悸地问："如果天是一些积聚的气体，那么天上的太阳、月亮、星星会不会掉下来呢？"

那些开导他的朋友继续解释说："太阳、月亮、星星，也都是一些会发光的气团，即使掉下来了，也不会伤人的。"

可是杞国人的忧虑还是没有完，他接着问道："那要是地陷下去了呢？又该怎么办？"

他的朋友又说："地，不过是些堆积的石块而已，它填塞在东南西北四方，没有什么地方没有石块。比如，你站着踩着，那都是在地上行走，为何要担心它会陷下去呢？"

这便是杞人忧天的故事，它用来形容一个人若总为毫无意义的事情担忧，完全是在消耗精力，拿虚无的念想来折磨自己。可是，生活中，我们很多人似乎也在做着"杞人忧天"的事情：夜很深了，你的心中总是缠绕着无尽的忧虑，似乎全世界的重担都压在你的肩膀上。如何才能赚更多的钱？怎样才能得到一份薪水更高的工作？如何才能拥有属于自己的一套住房？如何才能获得上司的信任与好感？如何做才能搞好与同事之间的关系？……你脑中有如此一串串的烦恼、难题与亟待要做的事在那里滚转翻腾！你开始意识到，真该休息了，不然明天又该迟到，这个月的奖金又没了……开始有意识地控制自己，但是最终这些一串串的思绪还是东飘西荡地翻滚起来：明天的粮食会不会涨价？明天上班该穿哪一件衣服？你这一夜仿佛真的无法入睡了！

不会的，你能够睡得着的，只要你采用一种极为简单的方法，对自己这样说："不要怕，一切由他去吧。""一切都会好起来的！"等此类的话对自己说上几遍，每说一次做一次深呼吸，然后放松！对自己说的同时，心里也要这样想，将心中的恐惧、烦恼、仇恨、不安全感、内疚、悔恨与罪恶感从心中腾空，这样才能获得内心的平静。心灵上获得了平静，也就意味着人体味到了生命的真谛。

当然了，我们说不要为未来忧虑，并非说全然地不为未来考虑。这需要我们分清楚忧虑与计划的区别，虽然二者都是对未来的一种考虑。但是计划是明天的行动指南，有助于你更有规律地实现未来的活动，而忧虑则是你对未来可能发生的事情而忧心忡忡，不知所措。它是一种消极的情绪，它不会为未来的事情产生积极的效果，只会浪费自己当下宝贵的时光，正因为如此，我们要尽力地摈除它。

最后，要记住一点，世上没有任何事情是值得你忧虑的，绝对没有！你可以让自己的一生都在对未来的忧虑中度过，但是你要知道，无论你多么忧虑，那也无法改变现实。

你所焦虑的事情，其实根本不会发生

生活中，很多焦虑都源于人们对概率事件的担心，比如多数人总是害怕有一天会地震，害怕有一天会被癌症找上门来，害怕自己的亲人会突然离开自己……很多人每天都会花时间来想这些"惊天动地"的"大问题"，但是你所担忧的这些，很多时候都只是一种空想，那些可怕的事情根本不会突然一下子降临在我们身上。

沈香是个平静、沉着的女人，朋友对她的评价是"从来没为没有发生的事情而忧虑过"。其实，沈香曾经也是一个极度忧虑的人，后来因为一句话而改变了她的生活，就使她不再忧虑了。

沈香的生活也曾经差点被忧虑所毁掉。那个时候她的脾气很坏，很急躁，每天的情绪都很紧张，甚至在外出买东西时她也会想到许多可怕的事情：也许房子被烧了，也许用人跑了，也许孩子们被汽车撞死了……她经常被这些可怕的事情弄得直冒冷汗，她不得不立即冲出商店，跑回家去，看看一切是否都安好。而实际情况是什么事情也没有发生。这种神经质的状况也曾彻底摧毁了她的婚姻。

沈香第二个丈夫是一个律师，很稳重，有分析能力，从不为任何事情忧虑。每当她紧张或焦虑的时候，丈夫就会对她说："不要慌，让我们好好地想一想，你真正担心的到底是什么呢？我们分析一下概率，看看这种事情是不是有可能发生。"

记得有一次，他们夫妇在一条公路上遇到了一场暴风雨。道路很滑，车子很难控制。她想他们一定会滑到沟里去，可丈夫却一直对她说："我现在开得很慢，不会出事的。即使车子滑到沟里，他们也不会受伤。"他细心和镇定的态度使妻子的情绪也慢慢地平静下来。

有一个夏天，他们开车到郊外的山区去露营。一天晚上，他们把帐篷扎在海拔 7000 英尺的地带，突然遇到了暴风雨。帐篷在大风中抖着、摇晃着，发出尖厉的呼啸声。她每分钟都在想：帐篷要被吹垮了，要飞到天上去了。当时沈香真被吓坏了，可她的丈夫却不停地说：'亲爱的，我们有几位印地安向导，他们对这儿了如指掌，他们说在山里扎营已有六七十年了，从没有发生过帐篷被吹跑的事情。根据概率，今晚也不会吹跑帐篷。即使真吹跑了，我们也可以躲到别的帐篷里去，所以你不用紧张。"听罢，沈香顿时放松了精神，结果那一夜睡得很安稳。

其实，生活中有许多像沈香那样的人，整天为没有发生的事情过分地担忧，毁掉了自己当下美好的时光，最终却什么事都没有发生。乔治·库克将军曾说过，"几乎所有的忧虑和哀伤，都是买自人们的想象而并非来自现实。"其实，如果我们回顾自己过去的几十年时，你就会发现，我们所忧虑的大部分事情都没有发生过，许多烦心和忧愁都是自己给自己绑的绳索，是对自己心力的无端耗费，这就如同自我设置的虚拟的精神陷阱。怀着忧愁度过每一天，设想自己可能遇到的麻烦，只会徒增烦恼。实际上，等烦恼真的来了，再去考虑也为时不晚，别忘了人们常说的那句话："车到山前必有路，船到桥头自然直"。

今天如同一座独木桥，只能承载今天的重量，假若加上明天的重量，必定轰然倒塌。所以，不要想太多有关未来的事，不要顾虑太多，只要好好地享受、欣赏现在的生活就行了。活着的本分就是做好今天，明天永远是属于天主的。当事情还没有发生的时候，不必徒然的担忧，就算我们所担忧的事情真的发生了，也可能因为一些其他的事情而改变，让事情朝着好的方向发展。记住《圣经》里的那句话：不要为明天忧虑，明天自有明天的忧虑，一天的难处一天当就够了！

别总是缩小自己的幸运，扩大自己的不幸

我们对很多事情感到焦虑，很大程度就是源于在主观地缩小自己的幸运，而扩大自己的不幸。比如，梦想受阻了，会立即感到自己的前途一片渺茫，随后便丧失了坚持的勇气；生活遇到一点点的小挫折，便觉得天都要塌下来了，接下来便开始处处小心，再也不敢去冒险；受到一点点的批评，便觉得自己是全世界最委屈的人，随后只是墨守成规，再也不敢提建议……我们总是悲观地看待自己所遭遇的不幸，最终只会招致更大的不幸。

奥维斯和西德里同时毕业于加州大学经济系，并同时进了一家外贸公司做销售员。奥维斯是个积极的人，入职三个月后，就针对公司部门的实际职位构成，给自己做了极为详尽的职业发展规划。同时，在工作上也表现积极，遇到难搞的客户，总是会耐心去分析客户的个性特点，并整理有效的素材，想办法去说服。一年下来，奥维斯取得了"部门销售冠军"的良好业绩，正式被领导考虑为公司的支柱型人才。两年后，奥维斯正式擢升为销售部门经理的位置，随后，他又被一个客户挖走，到一家有实力的大公司做主要负责人，好运不断。

而西德里却不同，其生性悲观，对工作总是消极应付，上班时也提不起兴趣。遇到难题，他总是抱怨连连，怪自己倒霉。领导每次找他谈话，他总是抱怨说，工资少，环境差，任务重，压力大……或者是领导没有指示，不知道该怎么办，再者就是推御责任，说这件事不归我管……总之，遇事首先去怪别人，从不反思自己。就这样，不到半年时间，他就被公司辞退。接下来，又开始找工作，再换工作……不到三年时间，他换了五次工作，成就没有，却积聚了满腹的牢骚，逢人就抱怨。

奥维斯和西德里的经历，恰巧就说明了"幸运的人总幸运，倒霉的人总倒霉"的内在原因。前者遇到问题，总想着积极地去改变，缩小自己的

不幸，而扩大自己的幸运；后者则恰恰相反，总是消极去抱怨，不断为自己招来"不幸"。

一场海难的幸存者被冲到一个荒无人烟的孤岛。他不停地祈祷，希望有船只来搭救他，可是一个星期过去了，连船的影子都没看见。

面对巨大的生存压力，苦苦求救未果，不得已，他只好在岛上建一个简易的小木屋栖身，早晨到岛上的树林里找食物充饥。一天中午，正当他拿着找来的野果准备回到小屋时，却发现他的小木屋起火了，浓烟滚滚，多次辛劳化为乌有。可怜的他感叹上帝不公，不禁仰天长啸："老天啊，你为什么要这样对我？"

他沮丧地坐在沙滩上，一直到黄昏。在夕阳的余晖下，一艘轮船的轮廓越来越清晰了。这个人获救，他好奇地问道："为什么他们会来救他？"他们回答说："因为那艘船上的人看到了孤岛上的浓烟，知道这个岛上有人，并把它当成了求救的信号。"

遭遇坎坷的时候，我们或许情绪化，容易感叹命运，容易怨天尤人，容易夸大不幸。烦躁，焦急，忧伤，绝望，窒息，甚至难以自拔，仿佛周围的一切都变了，美妙的音乐刺耳起来，七彩的颜色暗淡起来，快乐的日子痛苦起来。其实天空依然湛蓝，河水依然清澈，树林依然碧绿，只因心态一时难以适应，情绪糟了，感觉变了，观念扭曲了。

每个人都是缩小自己的幸运，而扩大自己的不幸。当一点点不幸来临时，我们都会忘了存在就是我们的幸运。

葡萄牙著名的航海家麦哲伦在发现新大陆前曾在海上经历过一次大风暴雨。一名士兵因为第一次乘船出海，所以吓得不停地狂呼乱喊，大哭不止，船上的人几乎都受不了，因为这让本不担心的人们开始感到了恐惧。将军气恼地想下令把他关起来。

这时，麦哲伦身边的一位校官说："不要关他，让我来处理。我想我可以使他马上安静下来。"校官随即命令水手将那位士兵绑起来，丢入海中。那个可怜的家伙一被丢下海，手脚乱舞，狂呼救命。过了一会儿，校官才叫人把他拉上船来。回到船上后，倒也奇怪，刚才歇斯底里大叫不停的士兵，静静地待在船舱一角，半点声响也没有。

麦哲伦好奇地问这位校官何以会如此？

校官回答说："在情况转变得更加恶劣之前，人们很难体会自身是那么地幸运。"

生活如同天气，有阳光灿烂之日，也有阴雨密布之时。心愿与现实常常会发生冲突，期望的未必能够获得，能获得的却未必是所期望的，然而这就是生活。热爱生活的人，是不会抱怨不幸的，只会拥抱和感谢不幸的发生和存在，因为经历过这样那样的不幸之后，人生才更能经得起大风大浪。

事情本身无关好坏，纠结的是人心

一位妇人总是担心自己的老公会有外遇。当她去健身房时，旁边的熟人悄悄地对她说："你要小心哦！最近我经常看到你老公在外面游荡，鬼鬼祟祟的十分可疑！"妇人一听就急了，就赶快请了一个私家侦探跟踪他老公，想知道他到底在哪儿偷腥。第二天，妇人就打电话给侦探道："我老公下午去了哪里？"

侦探道："他下午到过一家时装店，一家女式皮鞋店……"

"他去那里干什么？"妇人迫不及待地问。

"他是去跟踪你的，夫人！"侦探这样答道。

这位妇人因为自己的疑心而置自己于担忧与紧张之中，看似有些可笑，却是现实生活中很多人的真实写照。生活中，我们多少人的焦虑不是由自己的内心凭空"造"出来的呢？我们总会觉得老公会对自己不忠，总觉得自己的孩子考不上好学校，有时候会看不惯朋友的言行，对周围人的不良行为愤怒不止……这些不快的根源在于内心，而非在生活或事情本身。也就是说，事情本身无关好坏，纠结的是人心。正如星云大师所说，"心"是一切之源，人的快乐和苦恼都源自那里，你若成不了心态的主人，无论在哪里都会沦为情绪的奴隶。

今年32岁的晓梅是一位长相漂亮、能干历练的职业女性，受过良好的教育，如今在一家大型集团公司上班。依道理说，这样的女人应该活得乐观、舒心才是，但事实上，她的内心总被痛苦的情绪包裹着，苦不堪言。尤其是最近，她总是会莫名地发火，总是看谁都不顺眼，见谁都不想搭理，总觉得周围的同事做事太过幼稚，说话太过俗气，似乎每个人身上都有一大堆她无法容忍的毛病。别人穿的衣服她看不顺眼，总能给人家挑出一大堆的毛病；同事吃饭的时候她总嫌人家咀嚼声太大；甚至一些下属说话声音稍大一点，她就会说人家没教养等。

总之，晓梅总是觉得与这些人在一起工作简直就是一种煎熬。她从不怀疑自己的工作能力，但是对于是否要继续在这里待下去下不了决心。因为自大学毕业后的8年的时间里，她换了3次工作，而且每一次她都是因为忍受不了同事的"坏习惯"而离职的。

最近，她又在考虑换工作了，可是，她也明白，无论在哪里工作，她都难以让自己开心起来。

其实，纠结的并不是周围的人与事，而是我们的内心。与其在焦虑中抱怨周围的环境，不如静下来先反思自己，控制自己的情绪，改变自己的心态。一个能控制自我情绪的人，才能真正成为自己的主人，才能不为外界的人与物所干扰。对此，我们也可以从以下几点努力却祛除焦虑：

1. 当你因为某件事与物而陷入焦虑之中时，你可以去警示自己：乐观的情绪总会给人带来快乐的明亮的结果，悲观的心理则不管他得到什么，都不会快乐，而这一切都是由个人的内心决定的。所以，悲观是自己酿造的苦酒，怨不得周围的任何人与事；快乐也来自于我们的内心，它并不是非要借求于外物就能够得到的。明白了这一点，你就会释然许多。

2. 常告诫自己：快乐也是一天，悲伤也是一天，与其烦恼地过，不如快乐地活。而快乐与悲伤都是由我们内心所生，我们要想获得快乐，就应该尽早地摈除内心的烦恼和痛苦，把内心的阴郁情绪打扫干净，让自己快快乐乐地过完当下的时光。

3. 对于我们无法左右或改变的事情，我们要懂得随缘，这是获得自在的一种重要方法。当然，随缘并非是指要得过且过，不求上进，而是要"尽人事，听天命"，尽自己最大的努力，做一切自己所能做的，剩下的，交给老天爷！

摆脱"怕什么来什么"的生活魔咒

最近，内心焦虑的苏珊，时时感到自己在走霉运：她担心家里新换的地毯会被弄脏，不管自己有多么小心翼翼，还是在不经意间出了岔子，不是不慎打翻了果汁就是把面包的碎屑洒在了地毯上。上周，她急迫地想赶赴一个重要的约会，但由于时间紧迫，她觉得打车似乎变成了一项不可能完成的任务，于是她开始忐忑不安地茫然四顾，结果几乎所有从眼前经过的出租车都载着客人绝尘而去；她总在为孩子的考试成绩而担忧不已，结果等她收到成绩单的那一刻，她真的傻眼了，孩子有几门功课都不及格……她感到焦虑极了，觉得自己的人生似乎被人下了一种魔咒：怕什么就来什么……于是，她开始变得心神不宁，不知如何是好！

其实，我们生活中或多或少有过类似于苏珊的经历：怕什么就来什么。难道我们的人生真的是被下了某种神秘的"魔咒"吗？

对此，哈佛大学教授戴维·麦克莱兰曾这样解释道："人们总是爱将恐惧的事情惦记于心，这会促使恐惧的事变成现实。"就是说，人们内心越是害怕的事情，越容易变成现实。比如你的口袋里装着刚刚买来的手机，在公共场所生怕被盗走，于是，每隔一段时间去查看手机是否还在。这一举动引起了小偷的注意，最终手机被偷走。就是因为内心越是害怕发生的事情，所以会非常在意，注意力也就越是集中，内心的担忧促使你越容易犯错误。

在古希腊流传着这样一个故事：

一位掌管天地人间的神来到一个村庄，向那里的人宣布："明天这个村里将有 100 个人死去，至于是哪 100 个人，你们明天就知道答案了。"

次日，当神再次来到村落准备带人的时候，却意外地发现这个村落一夜之间竟然死了 1000 个人。

心理学家指出，人永远也不可能成为上帝，当你内心充满恐惧的负能量时，"墨菲定律"就会叫你知道"消极心态"的厉害。

其实，生活中的事情总是很奇妙，你只要往好处想，总会有意想不到的结果。也就是说，要打破"人生怕什么来什么"的神秘魔咒，就要凡事尽量往好处想，当你打败了内心的"恐惧"，所有现实中的困境便会迎刃而解。

从前，一个村庄有两位秀才，一个姓王，一个姓李。他们一同进京赶考，路上他们遇到了一支出殡的队伍。看到那口黑乎乎的棺材，王秀才心里立即"咯噔"一下，凉了半截，心想："完了！赶考的日子居然碰到这个倒霉的棺材。"于是，王秀才心情一落千丈，走进考场后，那个"黑乎乎的棺材"的影子还在他心里，挥之不去，致使文思枯竭，结果名落孙山。

李秀才自然同时看到那口"黑乎乎的棺材"，开始心里也"咯噔"了一下，但是他转念一想："棺材，棺材，那不就是有'官'又有'财'吗？好兆头！看来这回我要鸿运当头了，一定高中。"于是，李秀才心里十分兴奋，情绪高涨，走进考场，文思泉涌，果然一举高中。

考完回到家后，两个秀才都无限感慨，各自对家人说："那'棺材'真的好灵啊！"

任何事情都有两面，对一个事情的认识也无所谓对与错，只有积极和消极之分，你认为事物是积极的，你就信心满怀，处事就积极，充满干劲；你认为是消极的，你就丧失信心，一败涂地。正如叔本华所言："事物本身并不影响人，人们只受对事物看法的影响。"

不急躁，你需要的是一点耐心

一个牧师在布道词里讲了这样一个故事：

"上帝给我分派了一个任务，让我牵一只蜗牛出去散步。于是，我就照做了。在途中，尽管我走得很慢，尽管蜗牛已经在尽力地爬，可每次总是才能挪动那一点点距离。于是，我开始不停地催促它，吓唬它，责备它。蜗牛也只是用抱歉的眼光看着我，仿佛说自己已经尽力了。我恼怒了，就不停地拉它，扯它，甚至想踢它，蜗牛也只是受着伤，喘着气，卖力地往前爬。

我想：真是太奇怪了，为什么上帝要我牵一只蜗牛去散步呢？于是，我开始仰天望着上帝，天上一片安静。我想，反正上帝都不管它了，我还管它干什么，任由蜗牛慢慢往前爬吧，我想丢下他，独自往前赶路。我就放慢了脚步，想将它放下，静下心来……咦？忽然闻到了花香，原来这边有个花园，我感到微风吹来，原来此刻的风如此温柔……而我以前怎么都没有体会得到呢？

我这才想起来，原来是我犯了错误了，是上帝让蜗牛牵我来散步的……"

生活中，我们已经习惯了忙碌的生活，遇事都过分急躁，这样无论如何是感受不到路途中的美景的。如果我们能够放下欲求，放下急躁，让此刻的自己松懈下来，就可能体会到生活的幸福和生命的快乐。

其实，过于急躁的情绪会扰乱你的行动，不仅会影响你去实现自我目标，还会给你带来一些负面的情绪，为你的生活徒增烦恼。

晓莉是某著名公司的管理人员，在公司工作的 4 年中，领导对她的评价是：思维敏捷，办事麻利，工作能力极强；而同事和下属对她的评价却是：不够宽容，激动易怒，做事手段太强硬。领导与同事对她的评价有如此大的不同，还是源于她急躁的性格。

在公司内部，只要是上级部门向她下达工作任务，她总能够提前完成，为此，她总是能得到领导的赞场。但是，为了提前完成工作任务，她对下属的要求却是十分苛刻的，明明需要三天才能完成的任务，而她却要将工作任务压缩到两天，不仅把自己搞得焦头烂额，也让那些去执行任务的员工手忙脚乱，精神压力甚大。同时，如果哪个环节出了问题，拖延了时间，她不仅会大发雷霆，而且还会扣除相关员工的月奖金，她的下属都苦不堪言。

对此，她也有自己的理由："我其实也不想把大家搞得那么紧张，但是我就是忍受不了那种慢吞吞的样子。……在公司里，我自己从不甘心自己落后，一看到那些效率低下的员工，我就会不由自主地发脾气……对此，我也十分苦恼，我平时的工作压力大极了，头痛、失眠、焦虑经常伴随着我，而且整个人经常会莫名其妙地处于焦躁不安之中，动不动就想发脾气……"

这就是急躁带来的后果。其实晓莉的急躁性格产生的根源在于她苛求太多，她总是不甘于落后，不满足于现状，只要有工作任务，就会马上动手去干，这样做的目的无非是想得到领导的赞扬。但是，让自己背负着如此巨大的痛苦去换取领导的赞扬，未免有些得不偿失了。

在生活中，我们是否也会这样：只要有任务或者有事情等着自己去做，就会马上动手去做，既不认真准备，又无周密计划。遇到烦锁的事情恨不得来个"快刀斩乱麻"，一下子都想把问题解决，问题一旦解决不了，又会产生挫败感，心神不宁。这时候，也时常听不进去别人的意见与建议，时常会对提意见或建议的人大发雷霆……自己的神经好像绷了根上紧的发条一样，仿佛永远无法平静下来！

这时你要告诉自己：我是可以平静下来的。这时候，你只需舒缓自己的情绪，只要心中静静地默念：好，好，慢一点，不必急。并努力让自己心平气和地坐下来，放松神经，不刻意去思考什么内容，尽量使自己的思维维持在一种似有似无，天马行空的感觉里，或者集中精力听一种声音，比如钟的嘀嗒声。等精神松弛下来后，就随意控制自己的心理活动，还可以想象事情发生的场景，将自己置身其中，最终找到更好的处事方式。

同时，要相信，耐心是可以培养的，不要对自己要求过高，也不要过分地苛求他人，理性而积极地认识自己，这样才能让自己做出正确的选择与判断。做事情时，一方面要有计划，另一方面计划又不可过于完备，要预留自由度。俗话说"计划赶不上变化"，一个真正周到而有耐心的人，要善于在坚持自己的原则下灵活地变通，这样才能让自己在平静的状态下，有条不紊地达成自己的目标。

纠结源于"两难选择"：化繁为简，停止内耗

生活中，还有一些焦虑源于生活中过多的选择。比如，你获得了两个实力相当的就业单位的青睐，要做出选择，就会纠结；你获得了两个人的追求，要从中选择一个时，你就会纠结；早晨起床，你会对着满柜的衣服不知穿哪件而犯愁……其实，当生活中有一种选择的时候，我们的内心往往是平静而快乐的，但是可供选择的事物一旦多了起来，生活中的烦恼也就来了，而这些烦恼主要源于我们在选择时患得患失的犹豫心理。这种心理其实是对自我的一种消耗，我们也正是在这种消耗中，焦虑不已，疲惫不堪。

森林中生活着一群猴子，每天当太阳升起时，他们会从洞中爬起来外出觅食，当太阳落山时，他们又自觉会回洞中休息，日子过得极为平静而快乐。

一名旅客在游玩的过程中，不小心将手表丢在了森林中。猴子卡卡在外出觅食的过程中捡到了。聪明的卡卡很快就搞清楚了手表的用途，于是，他就自然掌控着整个猴群的作息时间。不久后，他就凭借自己在猴群中的威信，成为猴王。

当聪明的卡卡意识到是这只手表给自己带来了机遇与好运后，每天就利用大部分的时间在森林中寻找，希望自己可以得到更多的手表。功夫不

负有心人，聪明的卡卡终于又找到了第二块手表，乃至第三块。

但出乎卡卡意料的是，他得到了三块手表反而给自己带来了新的麻烦和痛苦，因为每块手表所显示的时间都不尽相同，卡卡无法确定哪块手表上显示的时间是正确的。猴子们也发现，每次来问及时间的时候，他总是支支吾吾回答不上来。一段时间后，卡卡在猴群中的威望也大大下降，整个猴群的作息时间也变得一塌糊涂，于是，大家就愤怒地将卡卡推下了猴王的位置……

这就是心理学上有名的"手表定律"，当猴子只有一块手表的时候，他们能确定时间，当出现了两块手表时，猴子卡卡的烦恼和痛苦也就来了，因为他不知道以哪一块为标准。其实，这就如我们生活中所遇到的难题，大多都是因为选择太多而给人带来的烦恼。为此，要彻底摆脱烦恼，减少内耗，就要有敢于舍弃的勇气和魄力。如果你缺乏这种勇气或者魄力，那就试着过一种简单的生活吧。当多种选择变成唯一的选择时，人也就没有那么多混乱、纠结和烦恼了，这也意味着内耗开始在我们体内上演了。

有一个诗人，为了追求心灵的满足，他不断地从一个地方到另一个地方。他的一生都是在路上、在各种交通工具和旅馆中度过的。当然这也并不是说他自己没有能力为自己买一座房子，这只是他选择的生活方式。

后来，由于他年老体衰，有关部门鉴于他为文化艺术所做的贡献，就给他免费提供一所住宅，但是他拒绝了。理由是他不愿意让自己的生活有太多的"选择"，他不愿为外在的房子、物质等耗费精力。就这样，这位特立独行的诗人，在旅馆中和路途中度过了自己的一生。

诗人死后，朋友在为其整理遗物时发现，他一生的物质财富就是一个简单的行囊，行囊里是供写作用的纸笔和简单的衣物；而在精神方面，他给世人留下了十卷极为优美的诗歌与随笔作品。

这位诗人正是勇于舍弃了外在的物质享受，选择了一种简约的生活，最终才丰富了精神生活，为人类做出了巨大的贡献。他的人生是一种去繁就简的人生，没有太多不必要的干扰，没有太多欲望的压力，是一种快乐而又纯粹的人生。

正如尼采所说：如果你是幸运的，你必须只选择一个目标，或者选择一种道德而不要贪多，这样你会活得快乐些。正如一个电脑一样，在其系统中安装的应用软件越多，电脑运行的速度就越慢，并且在电脑运行的过程中，还会有大量的垃圾文件、错误信息不断产生，若不及时清理掉，不仅会影响电脑的运行速度，还会造成死机甚至整个系统的瘫痪。所以，必须要定期地删除多余的软件，及时清理掉那些无用的垃圾文件，这样才能保证电脑的正常工作运行。我们要想过一种幸福而快乐的生活，就不能让自己背负太多的选择，学会去繁就简，过一种简单的生活，这样才能不至于使自己在众多的选择面前无所适从。

别向他人要幸福，那是一件只与自己有关的事

生活中，有些人觉得，自己是否愉悦或幸福都与外界的一切密切相关，觉得幸福就是"别人能给予我什么"，其实，一切寄托在外物身上的满足感和幸福感都是极为短暂的，因为任何的人与物都是你生活的配角。真正的幸福和愉悦，是内心滋生出的一种力量，那是一件只与自己有关的事。幸福不在于能从外界获得什么，而在于内心对外界事物的感知力。一个无幸福感知力的人，无论他获得再多，都不会感到幸福。一个能够感知幸福的人，无论他有多么地贫困和平凡，都是幸福的。

生活中，有些人认为，自己之所以过得不幸福、不快乐，就怪爸妈无法庇荫自己，怪自己的成长过程不平顺，怪家中的老公不够体贴自己，孩子不够听话……他们怪一切拖累了他们，自己的生活才变得一团糟糕。他们一直怪别人，将怒气发泄在不顺心的人或事上面。其实，一个人幸福与否，与外界的一切都毫无关系，而与其内心、个性，比较有关系。

青樱是个活得异常洒脱的人，她有一颗能时刻保持愉悦的心，生活中无论遇到怎样糟糕的事情，比如孩子考试不及格、老公没本事，自己挨领

导批了，她都能坚持快乐的生活。每天的晨跑，她迎着早上升起的太阳、凉爽的晨风，在她眼里都是快乐的。

有朋友问青樱："你为何总是那么能够沉得住气，一整天都乐呵呵的呢？"

青樱轻轻一笑，回答道："事情已经是这样了，着急、紧张、郁闷、痛苦……有什么用处呢？何况，孩子乖巧懂事，丈夫对我很好，我又没有下岗，为什么不快乐一点啊？快乐是一天，不快乐也是一天，当然要快乐，我们要享受生活嘛。"

对于青樱来说，幸福很多时候并不是掌握在别人手中的，而是放在她心中的一种能量。她自己有一颗积极乐观的心，她有足够的自控力让自己活得好，而且懂得解决生活中的疑难，更懂得用理智与平和去面对生活中可能有的波折。

的确，能够掌控自我幸福的人，一般都有着极为成熟的个性，他们不会为任何事情去扭曲自己的意愿，所以，也不会依着不适合的男人或女人去折磨自己。幸福的桨已经被他们牢牢地握在手中，没有人能够夺走，所以他们能够度过人生中必然会有的惊涛骇浪，找到属于自己的生活节奏。更为重要的是，他们富有智慧，懂得取舍，能时时地对自己所拥有的感到满足与快乐，他们还有强大的感知力，能够对生活中极为普通且常见的事与物感到幸福。

今年37岁的莲娜曾经历过两次失败的婚姻，而且每次都是因先生的出轨而收场。她曾向朋友哭诉她第二段婚姻失败的经历。一次她在出差后提前回家，发现丈夫和另一个陌生女人亲密地在一起，当这一幕映入她的眼帘时，她全身开始不停地颤抖、歇斯底里尖叫的同时，心中浮现一个充满仇恨的声音："看，你又失败了，你为这个男人做了这么多，他还是辜负你！怎么会这样，命运在诅咒你！"当她企图抓起身边的抱枕扔向丈夫时，她在无意间看到了镜子中的自己。镜子里面出现了一张愤怒而且扭曲、丑陋的脸庞。

她的内心忽然平静下来，她开始意识到：连自己都不喜欢自己，凭什么要别人喜欢自己呢？她发现，她的人生困境不在于丈夫是否有外遇，也不在于婚姻失败。最根本的是，她一点也不喜欢自己的生活，她从来都像一条奄奄一息的鱼，被困浅滩。婚姻的重复失败只能提醒她，别以为得到婚姻就可以舒缓她的人生困境。

对于一个女人来说，如果自己都不能让自己快乐、幸福，自己在生活中都难以找到乐趣，不尝试着去改变，只是一味地责怪、抱怨有东西阻止她的快乐，那么，她嫁给谁都不会幸福。男人也是如此。

有这样一句话："有一种女人，不管她嫁的是建筑工人还是国会议员，她都有能力让自己过得幸福。"真正长久的幸福并不源于外界，那是一种心灵的力量，这种力量未必如惊涛骇浪一样冲击着我们，也未必如泰山压顶一般震撼着我们，或许只是"随风入夜"的"淅沥春雨"，只是"以阴以雨"的"习习谷风"，便足以让我们的心田温洇润泽，熠熠生辉，足以让我们的生活快乐惬意、光彩照人。

生活中，我们常听人说，我穷得只剩下钱了，可见，富有不一定幸福。美国心理学家戴维·迈尔斯和埃德·迪纳研究证明：财富是一个很差的衡量幸福的标准。因为人们并没有随着财富的增加而变得幸福，相反，随着财富的增加，人们似乎变得更为苦恼。因为幸福不是一种物质，而是一种心理状态，一种情感体验。所以，如果有人问你：你幸福吗？你可以这样回答：我每天都幸福，每天都是我这一生中最幸福的日子——尽管我的房子不是很大，尽管我没有多少财富，尽管我没有什么地位，尽管我人长得不够漂亮，尽管……但是，我能够努力做到对我所拥有的一切感到满意，能够努力做到不被太多世俗的标准所束缚，能够努力做到让自己的心灵快乐，精神富足。

第八章

在冥想中与焦虑握手言和

要祛除焦虑，平衡负面情绪，冥想无疑是一种行之有效的方法。生活中，无数的冥想练习者都声称自己通过冥想获得了无数的益处。通过冥想，可以进行规律性的头脑训练，能有效地解决压力、焦虑、无法专注、上瘾和关系层面等诸多问题，同时，冥想还可以使头脑平静、幸福，专注力增强，创造力提升，并获得更好的人际关系。另外，冥想还可以让人体验到自身的内在光芒，重拾自信，感受静谧的力量。所以，要平衡你的负面情绪，那就从学习冥想开始吧。

缓解焦虑的行为疗法：冥想

人在焦虑情绪袭来时，除了运用心理方法缓解外，还可以采用最有效的行为疗法，即冥想。西方学者指出，冥想的原理在于：一天花10分钟到30分钟静坐，将注意力集中到一次呼吸、一个词语或者是一个形象上面，你就可以训练自己将注意力集中到当下的时刻。通过一些简单的动作练习，可以使人告别过去种种不快，帮助人们平衡负面情绪，重新掌握生活。与传统的瑜伽作用比起来，冥想不仅可以有效地锻炼身体，更重要的是它可以平衡人的情绪，从而达到真正意义上的"修心养性"。

冥想是一种意境艺术行为，一个人只有通过实际的体验才能够真正理解其中的奥妙真义。在当下的社会，我们的情绪很容易产生波动：亲情、爱情、友情带给我们的喜与忧，学习、工作、升迁降职带给我们内心的躁动，还有那不可抗拒的生老病死带给我们的心灵上的恐慌……而冥想，简单地说，就是让人停止意识之外的一切活动，使人达到"忘我之境"的一种心灵自律的行为。

西方一位有名的冥想教练列克·汉斯博士在解读冥想的奥秘时说过这样一段话：

冥，就是泯灭；想，就是你的思维，思虑。冥想就是把你要想的念头，思虑给去掉。可以说，冥想就是祛除心灵污尘，给心灵洗澡的有效方法。我们每天可以抽一点时间，以一个简单的动作开始冥想，整理我们纷乱的思绪，暂时忘却工作，忘掉烦恼，让自己进入一种全新的忘我的境界之中。

可见，冥想就是调整内心的节奏、祛除烦恼，达到一种忘却当下的"无为"境界的一种方法。你可以通过静静地重复呼吸，调整身体的节奏，通过调整身体来调整心的节奏，然后让心的波动飞向那静寂的世界，飞向那广阔无垠的世界，展翅翱翔，这便是冥想的本质。

　　心理学家也指出，人在冥想过程中，脑波会变得异常地安定，心情也会逐渐地平和，全身的肌肉会变得放松，人体内的吗啡、多巴胺等激素的分泌反而会越来越活跃，因此人体的免疫力就会逐渐地加强。另外，冥想过程中，我们会在不知不觉间改善自身那些不好的性格与行为，让自己变得更客观、更安定，更能以积极的态度面对现实世界。同时，在此过程中，我们的记忆力、思考力、创造力也会得到提升。成功的冥想能够有效地清除我们脑子中所有分散精神的东西，包括紧张、烦恼等。一位有着几十年冥想体验的练习者说，长久的冥想可以让人产生更高的警觉性，使人的心智更为成熟，拥有更敏感的知觉性。

　　可以说，冥想是一种心灵的感受，是用心灵的作用去影响身体，调整人内在的情绪状态，是一种健康的生活方式，是一种对生命深切体悟的过程。

　　在很多人的观念中，冥想就是静坐在一个地方，闭上眼睛，通过有效地调整呼吸，尽力将心灵排空的一种状态。其实，冥想并非是一种方式，而是指人身心达到的一种境界，一种平稳、宁静、舒适的姿势，然后将意识集中导向无限的本体之中。聆听身、心的窃窃私语，就能使你自己了解你体内发生的事情。

　　在这个时候，其意念中所呈现的东西，或许可以让一个人品味出人生、生活的真谛。在这样做的过程中，可以使人处于一种"平和、领悟、安详"的境界。总之，冥想是一种有效调节自我情绪的良方，它所用的时间不会太长，对场地也不会有特别多的要求，是每个人都能做到的一种简单的修身养性的方法。所以，生活中，当焦虑情绪来袭时，请学着开始冥想吧。下面的几个动作就可以让你进入状态，有效地缓解你的情绪：

　　1. 在一个空间里直坐，双手分别放在腿部。刚开始你的脑子可能乱得像一锅粥，但是，头脑是可以被驯服的，然后你可以将精力集中到一个点上。一个有用的方法就是将你的注意力集中到眼前的一个物件上，缩小你的视野，排除杂念。另外，要集中你的注意力，你可以不断地重复一句话，这样有助于你集中精力。

2. 当你注意力集中后，你就可以进入下一个状态：什么都不想，心无杂念。做到这一点很困难，但行之有效的方法是：每当有什么想钻进你头脑时，你要有意识地将它们抛出去。这一段时间，你就能学会如何排除杂念，使自己不再受思想的控制，开始真正地找到自我。

切断 "自我" 与 "烦恼" 之间的关系

生活中，你是否总因为别人的一句难听的话而烦恼？你是否只愿意诉说而不愿意倾听，在别人打断你谈话的时候感到难以忍受？是否会因为自己的固执而与别人发生意见方面的冲突？……其实，这些情绪的产生，主要在于太过执着于 "我"。对此，我们可以尝试一下 "忘我冥想法"。在做这个冥想训练的时候，你要尽力降低内心 "我" 的感觉。当你真正地摆脱自我，与这个世界联系在一起时，你就能更为平和地看待周围所发生的一切，不会过分欢悦，亦不会过分忧伤，这样就能切断 "自我" 与烦恼的联系了。

对此，你可以尝试这样的训练：

1. 学着去解读自己

生活中，我们对自我的情绪其实一直都是有喜好，有要求的：希望快乐能永驻，烦恼、焦虑远离，最好永远别登门才好。高兴的时候，我们是如此的喜欢与赞赏自己！而痛苦、忧伤的时候我们又是如此的烦恼自己。你从来没有无条件地理解过自己，又如何去奢望别人能理解你呢？你看自己不好时，也会看别人不顺眼，所以，冲突和焦虑便来了。要想内心恢复平静，就要学着运用冥想法去解读自己。你可以尝试这样的练习：

找一个安静的地方坐下，闭上眼睛，仅仅作为一个观察者，不带有任何评判，纯然的去观察你的情绪和思维。让思维像放电影一样在你的脑海里闪过，你一直像个局外人一样，只在那里看着它，感受它就行，没有好坏对错的评价。在里面待着，仔细看看痛苦具体是什么样的，痛苦时你的身体有什么样的反应。你哪儿最不舒服，就首先观察和感受身体的哪个部位，仔细体会这个不舒服（或疼痛）的感觉。沉静下去，细细地体会你全身每一寸肌肤、每一个细胞的感觉。

坚持做下去，你的灵魂就会相信，不管你现在是怎样的状态，你对自己的爱始终在那里，不多不少，不增不减。

2. 跳出自己的角色去观察对方

找个幽静的地方坐下，努力跳出自己所处的角色：你是无任何身份的观察者，然后再试着去与人进行接触，你会发现不管是社会地位比你高或比你低的人，某种技能比你好或比你差的人，你和他都是平等的。当你以旁观者的眼光去评判某件事的时候，你会发现对方身上有诸多你以前从未察觉的好品质，这时你的心情便能释然了。

可以试试下面的想象冥想：

在你和上司（或老板）说话时，看着他的眼睛，心里想象自己不再是他的下属或员工，你是一个和他没有任何关系的人，你头脑里没有任何可认同的身份，你心里不再有惧怕他、想要讨好他的感觉，只是纯然地去看着他的眼睛，听他说话，观察他的表情，任由你本能的情感和动作流出，说你想要对他说的话。你会发现，其实你的上司或老板是一个挺有魅力的人。对此，你与他的种种不快也便会消失了。以此类推，你也可以对身边的亲戚朋友做这个练习。你的人际关系会有一个良好的改善，你也不再会因为与他人发生冲突而郁郁寡欢了。

冥想能让你的压力一扫而光

现代人的烦躁不安多是因为压力造成的，生存压力、工作压力、学习压力等压力时常让人喘不过气来。而冥想则恰恰是缓解个人压力的极为简单有效的良方。

一位刚入职场的年轻人去看医生，抱怨生活无趣与无休止的工作压力已经使他的心灵感到麻木了。诊断后，医生证明他身体无任何问题，却察觉到他是心理出现了问题。

对此，医生就问年轻人说："你喜欢哪个地方？"

"不知道。"年轻人答。

"小时候你最喜欢做什么事情呢？"医生接着问。

"我最喜欢到海边听海浪。"年轻人说道。

"那你拿着这个处方到海边去吧，你必须要在早上8点、中午12点和下午3点钟的时段打开这3个处方，并且按上面的去做。"

于是，这位年轻人便来到了海边。

第二天早上8点钟，他打开了第一个处方，上面写着："用心聆听。"这位年轻人开始用耳朵去聆听海浪声，听到不同海鸟的叫声，听到沙蟹的爬动声等。一个崭新的世界向他伸出双手，让他整个人都静了下来。他开始沉思，心灵也开始放松。

中午时分他已经陶醉其中，在清醒之余他打开了第二个处方，上面写着"回想"。于是，他开始回想起自己儿时与家人在海边拾海贝的情景。怀旧之情汩汩而来。在下午3点钟时，他在温暖与喜悦之中打开最后一个处方，上面写着"回顾你的动机"。这是最困难的部分。于是，这位年轻人开始反省，他粗略地浏览生活、工作中的每一件事情、每一个状况、每一个人。他痛苦地发现，他很自私，从未超越自我，从未认同更高尚的目标，更纯正的动机。他发现造成他厌倦、无聊、空虚和压力的原因了。

最后，年轻人发现自己的压力被一扫而光，他的整个身心也放松了，对生活重新燃起了激情和希望。

在充满紧张与压力的现代社会中，人们无不在寻找获得身心平和与宁静的方法，无不渴望获得解决生命一切问题的智慧，无不希望生活在不受破坏与污染的环境中。而冥想则为我们指引正确的方向，为我们的进步奠定良好的基础。有研究报告指出，如果一个城市有1%的人每天坚持两次，每次15～20分钟的练习冥想，那么整个城市的犯罪率、疾病率及意外发生率都会显著地降低。这些现象都表明，个人凭借练习冥想可以创造和谐、友爱的社会秩序，其能对人类产生极为积极的影响。

生活中，当你感到压力大时，你可以尝试下面的缓解压力的冥想法：

找一个舒服的姿势坐下，调整好你的呼吸后，请你想象着你的身体变得非常巨大，如山峦一般巨大，你俯瞰大地，看着大地上被各种烦恼折磨得疲于奔命的人们，就好像我们平时看见蚂蚁觅食一般。你所要做的一切事情，就是在这个状态中，默默地注视烦恼而繁华的大千世界。

这一切，都与你无关，都不会给你造成丝毫的伤害。这一切，不过是你看到世界是什么样子，让你有机会选择自己的道路。

仔细感受你的身体，感受压力聚集在什么地方，然后，深呼吸。请想象着，这些压力，将随着你的血液，流淌到你全身的每一个细胞里，你不惧怕压力，更不能逃避压力。相反，你和压力在一起，你无比巨大伟岸的躯体，就是一个无比巨大的容器，任何压力、任何烦恼，掉落其中，就消失得无影无踪。

深呼吸，用呼吸化解分布在你身体里面的压力。

当压力化解之后，你就可以结束这次冥想了。

化解焦虑，从专注你的呼吸开始

冥想是放松身心和释放压力最简单、方便的方法，你可以在任何一个时间点，任何一个可能的场所，只需要坐下并且冷静下来，就可以开始冥想，将生活的压力全部释放。对于初学者来说，你可以从"专注呼吸"冥想法开始。

呼吸是一把健康的钥匙，伟大诗人和思想家歌德就曾发出这样的赞叹："一呼一吸，是上帝的恩典，使得生活美妙无边。"呼吸的影响力不仅在身体方面，它还与情绪、思想息息相关。比如，当人们受惊吓时，会倒吸一口气并屏住呼吸；当人们感到疲劳和烦闷时，呼吸会被拉得很长，会打哈欠；当人们感到生气或难过时，呼吸就会变得没有规律甚至起伏很大；当人们感到紧张、担心或焦虑时，呼吸就会变得很浅；当人们心情愉快时，呼吸就会变得平稳、徐缓。而不当的呼吸方式，会让人变得容易精神紧张、烦躁，负面的情绪及压力自然无法得到释放与舒解。因此，生活中，你能更好地调整你的呼吸，就会减少个人情绪的波动。

用呼吸来调整或缓解你的负面情绪，你可以尝试以下的方法：

1. 深呼吸

生活中当你与人争吵或气恼时，或正准备作首次演讲和演出而感到紧张时，或正设法去解决一个难题而感到焦虑时，建议你停下来，做几次深呼吸。具体做法为：

闭目端坐在椅子上，努力使自己的心情平静下来，然后慢慢地、轻轻地吸气，缓慢而有节奏地吸气。充分吸气后，几秒钟内停止呼吸，然后将气慢慢地吐出来。吐气时，要比吸气时更慢。一边做这样的深呼吸，一边在每次吐气时心中默念着"1、2、3……"反复多次后，肌肉就会从紧张进入松弛的状态，并使紧张和焦虑的情绪得到相应的缓解。

2. 丹田呼吸法

丹田呼吸法是冥想时常运用的呼吸法之一。它可以有效地调和身心，使自己的身心与天地调和之气保持一体化。在这样的状态下，我们可以通过调节自我的意识来控制自己的情绪。具体方法如下：

进行呼吸的时候，在呼气时，尽量要使下腹部往里收缩，同时用力使横膜收缩，保持下腹部的用力状态；在吸气时要尽量使下腹部向外膨胀，并使下腹部达到弧形的形状。为此，人们也将丹田呼吸称为"弧形呼吸"。

在呼气的时候，我们要想象自己体内的恶气完全被排除了体外；在吸气的时候，想象宇宙的能量从头部顶端（百会穴）进入脸部、颈部、胸部和腹部，使全身都充满了宇宙的能量。这样可使容易上扬之气下沉，使容易下行之气上扬。

吸气时加上呼气，能够使人的上半身神清气爽，下半身温和舒适。这种上部清凉、下部温暖的状态，是平衡调和的状态。在这样的状态下，我们便能够与宇宙一体化，这时，我们的身心非常松弛。

常运用这种方法进行冥想，可以使人保持良好的精神状态，有效地缓解压力，消除紧张和焦虑的情绪。

3. 腹式呼吸

人体的腹腔内藏着除心、脑、肺之外的全部脏器，包括消化系统、造血系统、泌尿系统，以及内分泌系统、淋巴系统的一部分，并拥有大量的血管、神经，因此腹式呼吸能有效地促进人体的胃腹运动，改善人体的消化功能。同时，腹式呼吸也是缓解人体紧张的"减压药"，多练习腹式呼吸，可以使身体得到充足的氧气，能有效地释放体内压力，消除紧张的情绪。所以，生活中当我们感到紧张时，都可以尝试采用腹式呼吸。其具体方法为：

盘腿而坐，全身尽量保持放松的状态，两手自然地放在膝盖上面。头微微地下垂。呼吸时下腹部要暗暗用力，呼气时，腹部鼓气；吸气时，腹部收缩。

然后再将上面的动作反过来做，先吸气使腹部收缩，呼气时再把腹部鼓起。做腹式呼吸时要注意把握以下几点：一是呼吸要深长而缓慢；二是用鼻呼吸而不用口呼吸；三是一呼一吸掌握在 15 秒左右，每次 5~15 分钟，当然时间也可以再长一点。四是呼吸过程中如果有口津溢出，可徐徐下咽，不要吐出。

焦虑不堪，睡不着？试试这几种冥想法

你会因为工作或生活上的焦虑情绪而常使自己彻夜难眠吗？你会因为对未来的各种担忧而使自己陷入不安的情绪中吗？这时你可以尝试以下的几种冥想法，它可以使你快速入眠。具体方法为：

1. 睡觉时，你可以平躺在床上，双手放在丹田上，也可以平放在身体两侧，只要自己觉得舒服就行。闭上眼睛，身体尽量放松，在脑海中想象着自己全身的每一个细胞都彻底放松下来。然后，别再让任何杂念来打扰你，将你的注意力全然放到呼吸上，记得用鼻子呼吸，一呼一吸尽量拉长，在心中默数自己的呼吸，每一口气尽量吸到小腹处。持续下去，你会发现自己很容易就进入睡眠状态了，而且第二天精神会特别好。

2. 这一种属于观想调息法，姿势与上面的相同，进入冥想的步骤也与上面的相同，只是呼吸方式不同，即等身体放松后，开始控制住自己尽量缓慢地呼吸，然后再想象着自己全身的毛孔都张开着，然后想象着天空中出现了许许多多的小光点，它代表着宇宙中最纯正的能量，想象着这些小光点环绕在你的周围，随着吸气慢慢地从头顶百汇穴进入，形成一个光柱，随着吸气的节奏，顺着任脉慢慢进行，随着吸气光柱到了丹田的位置，吸的部分结束。然后再开始呼气，随着光柱在丹田位置混合成一个光团，然后分成两股随着呼气的节奏顺足少阴经下行，随着呼气的结束自足底涌泉穴排除。这样就完成了一个呼吸的过程。需要注意的是，在呼吸的过程中，你要用你的意念去控制这些光点或者光柱的运行，慢慢地，放松地进行，想象着构成这些光点的是宇宙中最纯正的能量，它们在体内运行一周会带走身体所有的负面的、污浊的能量，记得在体内运行的时候是纯净的光柱，而从足底涌泉穴排出的是污浊的、黑色的东西。

刚开始的时候，会觉得那些小光点和光柱总是不听自己的指挥，别急慢慢来，持续一段时间后，你会很快安静下来，而且随着呼吸的运行，你的身体会微微发热，就算在冬天也是如此。同时做完这个冥想后，可以让你扫除脑中一些杂乱无章的烦恼，使你快速入眠。

3. 当你在床上无法入眠时，你可以平躺在床上，双手放在丹田位置，下巴微微靠近胸前，有意识地控制你的呼吸，放慢呼吸的速度，每一口气都要吸到丹田处，无论外部环境如何吵闹，你都要将你的注意力集中到你的呼吸上面。然后从太阳穴位置开始放松，用你的意念去放松你的面部肌肉、眼睛、耳朵、鼻子，然后放松你的嘴唇和下巴，放松你颈部的骨头和肌肉，放松你的肩膀和背部，然后是手臂直到每一根手指，放松你的臂部、大腿、小腿，直到感觉从上到下甚至每一根脚趾头都完全放松为止。

这个时候，你的头脑中开始出现鸟语花香的大草原，四处都充满着绿油油的草地，鼻子里闻到的是花香和青草混合着泥土的气息，去听听那些小鸟欢快的叫声，你甚至可以看到小兔子在地上欢快地奔跑，如果你愿意还可以尝试着去摸摸小兔子的顺滑的皮毛，张开全身的毛孔去接纳这里的每处的生机。

然后，你可以想象着自己坐着白色的云朵飘起来了，而且越飘越高，越飞越远，空气中有许多纯净的水气，让他们来清洗你的身体，你可以去感觉冰凉的水气贴在你面上的感觉，然后想象着自己自由地飘荡在云朵中间，不冷不热，然后就开始放松你的身体，你也可以尝试着躺在云朵上面，感觉就像躺在水中，在这个世界中，你完全是自由的、舒畅的。然后，慢慢地让自己入眠。

需要注意的是，这一冥想练习对个人的意念控制力要求极高，你在做的时候一定要慢慢地用意念去控制自己的思维，或者去想象自己的每一处细节，你想得越仔细、真实度越高，说明你进入冥想的状态越好，你所获得的休息效果也越好，慢慢地，你就可以进入梦乡了。

祛除焦虑，从冥想中的"自我观照"开始

《易经》上说，"仰则观象于天，俯则观法于地"，指的就是人的一种观察能力；而孔子说，"吾日三省吾身"，则指的是人的自我观照。

生活中，人们经常会忽略自己的观照，这主要是因为外在的种种诱惑，使我们的心灵迷失了。在诱惑面前，我们从不让自己的心灵去休息，大脑不停地转，心心念念都是名和利。我们将自己搞得疲惫不堪，大脑变得异常迟钝，对周围的环境也不再敏感，对自我的心灵需求更是麻木，我们每日都被烦恼、忧虑、焦虑所缠绕。对此，要平衡情绪，我们应该每天抽出时间，来对自己进行整理。学着闭上眼睛，用意识来观照自己，你可以尝试以下的冥想观照法来整理自我，平衡负面情绪：

1. 观照自己与宇宙

自己独坐在一个房间或任何能够独处的地方，开始觉知你自己的呼

吸。闭上眼睛，感知"自我"就在自己的面前：在树间、草地上、叶缝中、河流中。清楚地感知自我就在宇宙中，而宇宙也在你之中，假如宇宙存在，你就存在，假如你存在，宇宙也就存在。让自己进入一种"既无生，亦无死，既无来，也无去"的状态。然后轻轻地微笑，开始专注于你的呼吸，观照 10~12 分钟。

2. 慈悲地观照你最恨的人

找个安静的地方坐下来。开始调整你的呼吸，并轻轻地微笑。观照那个最让你受苦的人的影像，观想他让你最恨、最轻视或最厌恶的特质。试着检视这个人的日常生活，什么会让他快乐，什么又会折磨他。观照这个人的内心：试着看透这个人以何种思维方式或推理方式来生活。审查这个人所希望与行动的动机是什么。最后，再观照这个人的观点是否开阔自由，是否容易被偏见、狭隘的心胸、憎恨或者愤怒情绪所影响，观察他是否是自我情绪的主人。

照这样继续下去，等你看透这个人后，你内心就会感到释然，你的慈悲情怀也会一点点地从心底升起，犹如一口充满了清新之水的井，而你的愤怒与怨恨便开始消散。对同样的人，你可以反复地做这项练习。

3. 观照他人的痛苦，生起慈悲

静坐下来，闭上眼睛，开始调整你的呼吸。选一个你所知的处于痛苦状态的人作为观照的主题。在进行冥想观照时，你要尽量看出那个人正在经历的一切痛苦，比如疾病、贫困、身体的疼痛等。进一步，你再开始观照个体因为"受"所造成的痛苦，比如其内在的心理矛盾冲突、仇恨、嫉妒或者内疚等。然后，再看看他由"想"所带来的痛苦，比如内心的悲观或阴郁狭隘的心态思维所面临的问题。再看看他是否被恐惧、失望、绝望或仇恨等所驱使。再看看他是否会因为其处境、烦恼、他周遭的人、所受的教育、宣传等将自己封闭起来。

静观这些痛苦，直到你的内心生起一股清泉般的慈悲，直到你能了悟那个人是因为环境与愚痴而在受苦。你决定尽可能用最安静、最谦逊的方式，去帮助那个人脱离当下的困境。

4. 观照你人生的成就

选择一个安静的地方坐下，调整你的呼吸。开始回忆你人生中重大的成就，并逐一地审视它们，检视引导你迈向成功的才华、品格、能力及其他有利的条件。你认为成功的主要原因是你自己，并因此而感到自豪和满足，开始审视这种情绪，体悟出你以为的成就并非属于你自己，而是属于非你能控制的各种因果条件的和合。

你能真正地舍弃它时，你才获得了真正的自由，不再被它们所困扰。回忆你生命中最痛苦的挫败，再逐一地审视它们。再检视你的才华、品格、能力，以及其他导致你挫败的不利条件。检视你心中觉得自己无法成功所涌现出的复杂的情绪，以因果观来审视这件事情，了悟你之所以挫败，并非是因你无能，而是因为缺少有利的条件。了悟你根本无能为力去承担这些挫败，了悟这些挫败并非你个人的事情。了悟到这一点，你就能从挫败感、自卑感中解脱。只有当你能舍弃它们时，你才真正地获得了自由，不再受他们的干扰。

祛除你头脑中的消极意念

今年40岁的莉娜是一家公司职员，6年前她和丈夫离了婚，不久后她的孩子又在一场车祸中永远离开了她。从此之后她的精神几近崩溃，她不知道活着的意义是什么，经常感到精神恍惚，有时还会感到莫名的焦虑和恐慌。

对于莉娜来说，她生活唯一有意义的事情便是每天都会把孩子生前用过的书包、书本放在自己的脸颊上抚摸，她觉得那像是在抚摸孩子一般。她总是会观察书包和书本，包括颜色、图画，以及里面写下的每一个字……

终于有一天，莉娜悟出了三个问题：这些物品只是孩子的遗物，它代替不了孩子；沉浸在回忆中并不是爱孩子的一种表现，只会引发她无比的痛苦；保留对孩子的爱，自己去追寻幸福、快乐并非是对孩子不爱的一种表现。想明白这些问题后，莉娜决定不再在痛苦和焦虑中沉浸，她要开始新的生活。

一周后，在一个风和日丽的周末，莉娜来到她曾经经常带孩子玩耍的海边，她捧着孩子的旧物，沉默良久后，终于撒开手，放下了。此时，莉娜觉得心情轻松无比，将这些代表过去的物品从自己的生活中清除出去，莉娜的内心获得了全新的感受。后来，莉娜又搬了新家，开始好好地面对生活。半年后，她终于再次结识一位异性，一年后，她不仅结了婚，而且还有了自己的小宝宝。

生活中，我们很多人都有过类似于莉娜的情绪经历：面对无可奈何的失去，那种痛苦和焦虑令自己久久无法释怀。尤其是看到那些具有象征意义的物品时，内心就更痛苦不堪。这个时候，你就可以像事例中的莉娜一样，运用意念冥想去消除你内心的消极因素，以新的姿态去面对生活。

每个人在随着时间和场合的不同，想问题和对待事物的态度也是不尽相同的。有时情绪好，积极性高，不怕困难，愿意付出代价做挑战性的工作，而有时突然会情绪低落，看什么都不顺眼，浑身没劲，懒得动手和动脑，心存疑虑，幻想得到追求的目标。当我们情绪低落时，就要学会运用冥想法祛除内心的消极意念，让自己重新面对生活。对此，你可以尝试以下的方法。

1. 常用"我能行"的暗示语让自己鼓起对成功的信心

从追求成功的大目标来讲，只有提倡的坚持积极的心理暗示，克服消极的心理暗示，才能取得良好的结果。

2. 用"我能行"赶跑"我不行"

大量研究表明，在每个人的意识中有一个理想的、积极的自我形象，但这个理想的自我形象，并不是总能指导和主宰自己的行为的。因为，它会常常受到另一个消极自我形象的干扰。前者不怕困难、勇往直前，后者遇事畏缩、知难而退。前者自我暗示说："我能行！"后者则会大唱反调，暗示自己"我不行"。因此，每个追求成功者，都要高呼"我能行"，不断地强化心中那个积极的、理想的自我形象，战胜和排除消极的自我形象的干扰。

著名的意大利男高音歌唱家卡鲁索，在追求成功的道路上，无时无刻不在与消极的意念作斗争，用积极的心理暗示鼓舞自己，所以才取得了演出场场成功的良好效果。比如，一次在歌剧院的厢房中等待上场演唱时，突然旁若无人地大声叫嚷起来："别挡住我的路！走开！走开！"身边的工作人员听了，都手足无措，不知发生了什么事情，因为当时并没有任何人挡住他的路。结果，他上场后的演唱，赢得了观众的热烈的掌声。

后来，有人问起他那次演出前究竟发生了什么事情时，他笑着解释道："我觉得我内心有个'大我'，他要我唱，而且知道我能唱好。但另外还有一个'小我'，他觉得胆怯，而且说我不能唱好，我只得命令那个'小我'赶紧离开我。"

其实，卡鲁索所说的"大我"和"小我"，就是心理上的积极自我和消极自我，但对大多数人来讲可能不大习惯这种方式。这倒没有关系，可以根据自己的兴趣而定。就心理暗示的效果而言，喊出来和默念都是一样的。只要是积极的心理暗示，就会达到相应的效果。

用想象冥想祛除自卑，重建自信

生活中，自卑也是造成人焦虑的主要原因，比如社交焦虑、考前紧张、因为多疑的个性而带来的诸多焦虑等。所以，要远离焦虑，就要先移除内心的自卑情绪，重建自信。

心理学家指出，许多人之所以常陷入自卑中，皆是因为内心深处无法确立充满自信的"自我"，不能从"我"的立场自在地调度观念事实，是一种心态的内弱病症。为此你可以用想象冥想训练进行自我扩张，暂时切断内心与外界的联系，暂时洗净一切外在的标准和旧有自卑的心理痕迹，凝神一点，渐渐使全身心只有一个自信，甚至是目空一切的"我"。

　　明治年间，日本有一位武术高手，这位高手体格健壮，武艺精良，私下里较量时曾经打败无数武术界高手。但是每逢公开登台时，连他的徒弟都可以将他击败。这位高手很苦恼，只好去向一位禅师请教。禅师见面后便问他："你今晚就在庙中过夜吧，在睡前，你可以进行冥想训练，你要将自己想象成一波巨大的浪，不是一个怯场的练武者，而是那横扫一切，能吞噬一切的巨浪。"夜晚，这位武术高手便开始坐下来冥想，尝试将自己想成一波巨大的浪，扑面而来。起初，他的思绪如潮，杂念纷纷。不久，他心中便有了较为单一的波浪涌动感，夜愈深而浪愈大，浪卷走了瓶中的花、佛堂中的佛像，甚至连房屋都被大浪吞噬……黎明前夕，只见海潮腾涌，庙宇也不见了。天明之后，这位高手充满自信地站了起来。也就是从这一天起，他成了全日本战无不胜的武术高手。

　　诸多人的自卑拘谨，多源于对外界实际反馈的担忧，或是被与任务无关的纷纷思绪占据心潮。若能运用想象冥想法暂时切断与外界的联系，滤除杂念，清空心灵空间，"自信"必然会乘"隙"而入来扩展甚至占据空间，"自信"经扶持而渐渐强大后，人也就不会陷入自卑和羞怯了。生活中，类似于上述事例中那位武术高手那样的想象冥想训练的内容有：海潮、入潮、大风、大火、高山、领袖等。要想摒除自己的一些不良的个性或习惯，就要能运用一些积极的引导力量来进行。

　　确立充满自信的"自我"想象有四个基本的步骤：

　　1. 确定你的目标

　　选定你想拥有的某样事物，努力为之工作或创造。那可能是任何一个层次上的一种职业、一幢房子、一种关系，你自己身上的一种变化，无论是什么。

　　归初要选择对你来说相对容易实现的目标。如此你便不用太费力地对付你身上的否定性抵抗力，能够大程度地扩展成功的感觉。之后，当你有了更多的练习时，你可以去处理更困难或更具挑战性的问题。

　　2. 创造一个清晰的念头或者图像

　　依照你所需要的那样，创造一个事物或场景的念头或者内心的图像；

你要用现在时态完全依你所希望的方式那样来想象，尽可能地使细节更完满。你也许还希望得出一幅真实物质上的图像，比如绘一张图，尽可能地将你所想的全部细节都画下来，这样就可以满足你现实的心理需求。

3. 经常集中精力去冥想它

经常使你的念头或内心的图像浮上脑海，既可在安静的冥想时刻，也可在白天某个时刻。这样，它便会成为你生活的一个组成部分，成了一个真实的存在，而你也将更成功地将它投射出去。

在一个随意的时刻，清晰地集中冥想。别刻意去努力，投入太多的能量将会对你的想象冥想造成阻碍而不是帮助。

4. 给予它积极的能量

当你全神贯注于你的目的时，用一种积极的鼓励方式去想它，向你自己做出强有力的积极的叙述：它存在着，它已经来临了，或正在来临。想象着你正在接受或获得它。这些积极的陈述被称为"肯定"。当你进行肯定时，尝试着暂时中止你可能会有的任何怀疑或不信任。继续这样的想象，直到你达到目的为止，或再没有这样的愿望时。

当你达到一个目的时，一定要有意识地承认那已经完成了。常常地，我们获得了想象着的事物，却没有注意到我们已经成功了！因此要给自己一些赞叹，一定要感谢上苍，因为你的愿望实现了。

瑜伽冥想：深度滋养你的身心

瑜伽冥想即指运用瑜伽的动作，使身体关节放松及拉伸，让心情彻底放松，将注意力集中在某一特定的对象上的冥想方法。它能使人内心保持平静，有利于消除紧张、怒气等负面情绪，能让人深度放松、调养身心，尤其是适合身心有问题的焦虑症、轻度忧伤状态、轻度强迫症、失眠等人士练习。

一位资深冥想教练指出，瑜伽冥想是冥想方法中极为重要的一项内容，它可以使人抛开种种物欲杂念，缓解压力，修复人体受损的细胞，而这点都是深度睡眠所无法达到的。也就是说，在所有的冥想方法中，没有哪一项比得上瑜伽冥想的功效那么直接、久经时间考验或广为人们所使用。瑜伽冥想练习极为简便易行，没有什么硬性的、严格的规定。下面我们介绍下瑜伽冥想的基本方法，你可以在家随时随地练习。

1. 开始练习瑜伽冥想的时候，你可以选择一个舒适的姿势，比如你可以坐着、躺着，使全身放松。这时候要放下一切的思绪，将全部的意念都集中在身体上，将自己的处境幻想成一个鸟语花香的地方，很美很美，使身心得到放松。

放松了身心，你再幻想自己是飘在云中，什么烦恼和杂念都会消失，仿佛这个世界就只有你自己一个人的存在。

2. 选择一个让自己感觉舒服、放松的姿势来练习，如果可以的话，你可以尝试运用跏趺坐即互交二足，将右脚盘放于左腿上，左脚盘放于右腿上的坐姿。如果不能坚持这样的姿势，你可以选择半珈趺坐或简易坐，即左脚脚心贴在右大腿内侧，右脚脚心反方向贴在左小腿内侧，双腿尽量平铺在地上来练习。

以上各种坐姿，双手食指和大拇指尖要靠在一起，其余三指放松，但不弯曲，掌心向上，放在膝盖上面。让背部、颈部和头部保持在一条直线上，背勿靠壁。面向北面或者东面。正确、稳定的坐姿是冥想成功的关键因素，因为不稳定的姿势会使思想、意识难以稳定。

3. 选好坐姿后，可以尝试先做5分钟的深呼吸。然后再让呼吸平稳下来，建立一个有节奏的呼吸结构：吸气3秒，然后呼气3秒。

4. 如果你的意识开始游离不定，就把它轻轻地引回来。既不要强行集中注意力，也不要让意识毫无控制地东游西游、散漫无归。安静下来之后，再让意识停留在一个固定的目标上面，可以在眉心或者心脏的位置。

5. 利用自己选择的冥想技巧进入冥想的状态。在冥想中，你要清晰地体验模糊不清的情绪，包括积极正面的情绪和消极负面的情绪，仔细回顾负面情绪产生的全过程，在哪个环节上做出了不符合事实的判断，或者是回想快乐的时光、甜蜜的时刻。

6. 约 15 分钟的冥想后，要调整呼吸，通过丹田运气来调节，从而排出体内的浊气。这个时候，整个人就会处于昏昏欲睡的状态，全身心就会放松了，静静地享受这份难得的宁静和轻松。

通过以上的练习，可以深度地滋养你的心灵。一名经常运用瑜伽冥想法来调节自我身心的练习者说，瑜伽冥想可以让人超脱物质的欲念，能让人在深度的安静中与万物进行沟通、交流，可以将人的心、意、灵完全专注于原始的状态之中。可见，瑜伽冥想对身心的调节作用。当然了，在进行瑜伽冥想练习时，你还可以注意以下几点：

1. 清晨和睡觉前是做冥想的最佳时段，其他时段只要你有空闲都可以做，但是尽量不要在冥想前吃东西，或者在饭后立即冥想，否则就会影响你的精神状态。

2. 选择一个专门的没有干扰的地方来练习，这样可以帮助你找到安宁感，易于进入瑜伽冥想的状态。利用相同的时间和地点，会让精神更快地放松和平静下来。

3. 在冥想的过程中，要保持身体的温暖，比如天凉时你可以给身体围上毯子。

4. 如果你利用一种冥想方式练习几次都感觉不舒服，那么你可以放弃这种方式而选择另外的一种更适合自己的方式。

5. 练习瑜伽冥想要循序渐进，开始时应试着每天做 1 次冥想，以后可以增加到每天 2 次。冥想的时间应该由 5 分钟慢慢地增加到 20 分钟或者更长，但不要强迫自己长时间地静坐。

6. 练习瑜伽冥想不能心急，不要期望在很短的时间内就达到预期的效果。

通过长时间的瑜伽冥想练习，可以让我们认识到存在的意义，也让我们更深层地明白，我们追求的不再是结束或者忘却自我，而是明白人生有更长更远的目标，并能快乐积极地生活。

愿景冥想：激发自我，享受生命的安详状态

愿景冥想是生活中另一种简单易行的冥想法，它是指借助人的想象力，在脑海中构建美好的愿景，并以此来激发生命的能量，并实现内心的安详。当人们被教导通过想象放松的时候，人们多半会想象蓝天白云或海滩，或者森林、草地，或者还有人会想象自己五年、十年后的样子，想象着自己出人头地的景象，这也是一种愿景冥想。生活中，经常做这样的冥想，会极大地增强人的自信心，给予自己极大力量，从而从根本上消除自卑、气馁、灰心等负面情绪。

一位心理学家指出，愿景，是我们每个人可以觉察到的动力与激情的源泉。可以说，愿景，是我们生活的最重要的精神支柱。

一个人愿景的形成，并非是一朝一夕的事情，也不是随便就可以被否定的，是我们多年的生活经历所塑造的。因此，愿景本身，便携带着大量的能量，能促使我们奋发、向上。所以，在人生困难的时刻，我们要启动这个力量，让愿景冥想来助我们心灵过冬。

在做愿景冥想时，你首先要弄清楚自己究竟要做什么样的冥想，要达到怎样的效果，这样设计之后的愿景冥想就会有效得多。比如，你现在的经济处于困难时期，而你只是一个普通的小职员，你心中一直期待着自己能获得更多的地位、财富。根据这样的渴望，你便可以设计五年或十年后的愿景，那个时侯的你颇有名望，你尽可能去想象，让这个画面更清晰一些，甚至让里面的每个人都有清晰的形象。当然，最为重要的还是你自己，以及你的家人、朋友等。你可以随便地想象，尽量地避开任何会给你造成压力或困难的阻力，尽量想象正面而积极的场景。

当你的这种冥想结束后，或者你觉得你的冥想愿景设计好之后，你便可以把这样一幅愿景收藏在你内心的某个地方，那就是你生活的目标。下一次冥想时，你仍然可以这样冥想，或者做一些改动，这能让你浑身都充

满能量，对你的人生起到极为积极的作用。

对此，如果我们因生活中的种种不顺而使自己心情不爽时，你可以运用愿景冥想来激发内在的能量，驱赶忧虑。你可以依以下的步骤来做：

1. 选择一个安静的地方躺下或者坐下，深呼吸以放松自己。然后清空你的意念，让你的心灵从现实的繁乱状态中抽离出来，向更深的地方去探索。

2. 请将你的注意力集中到你的愿景上，不管这个愿望是什么，都集中地想象它。一般来说，愿景是形象化的，而不会是抽象的。比如一个美好的事业前景，一定是伴随着高大的写字楼、体面的职业装、装修精美的办公桌椅，你在同事面前挥洒自如地演讲……让这些形象尽可能地显现出来，它能令人陶醉其中。

这个时候，你的心中可能会出现一个声音，这个声音往往来自我们的胸腔或者是腹腔部或者某个部位，这个声音会说："真难啊，我做不到!"这就是这个冥想练习所要解决的问题。

当这个声音出现时，你要控制好你的注意力，别去搭理它，而是尽情地陶醉在你的愿景之中，要尽量让自己有身临其境的感觉，让自己完全沉浸在成功的喜悦之中，并牢牢地记住这个感觉，牢牢记住这种景象。

当你回到现实中时，面对困难和挫折的时候，请你深呼吸，然后仔细地回忆这个场景，这个感觉。你的力量，将会因此而被唤醒。

也就是说，这个练习其实是两个部分。在冥想的时刻，要让愿景形象化和清晰化，并且深深记在你的脑子中。然后，回到现实中，能够随时拿出来激励自己。

当然，每次进行愿景冥想的时候，最好不少于15分钟，总之想象越丰富，越具体越好，这一方面能让你焦虑的身心处于轻松、平和的状态，另一方面也能让你在瞬间找回自信，驱走困厄。

想象冥想：将积极的能量吸引到你的身边来

一位心理学家指出，你现在所有的一切，都是过去心中所想的结果。也就是说，你现在的生活境况是你过去所想的结果。同样你现在的思想和感觉，会在将来的生活中体现出来。那么现在你所拥有的一切，其实不是你现在拥有的，而是过去你预先思考和行动的结果。这告诉我们，人的想象有着巨大的力量，它能让你头脑中的种种愿望变成现实。据此，心理学家指出，想象的力量有时能超越意志的力量，用想象的方法来对付焦虑情绪所引起的心理压力，是极有效果的。对此，生活中当你处于焦虑状态时，你可以运用想象冥想法来驱赶焦虑，其主要特点是：通过在想象中对使自己感到紧张、焦虑的情景和事件的预演，加强自己的积极反应，抑制消极反应，从而当某天真实的情境出现时，也能控制好自己的心理和行为。这种冥想方法，较适合于我们因为考试而带来心理焦虑，其主要方法如下：

1. 进入放松的状态。可以先使身体完全松弛，即身体处于紧张的部位，要达到完全地放松。

2. 想象着自己正要进行一场考试。按照考试的程序，从你精神饱满地进入考场开始，到进入座位、做好准备工作、监考人员宣布注意事项、发卷、领卷、做题等，默诵你复习好的内容纲要，记得的公式、定理、图解或者某一典型习题的解题思路等，要确保解题的正确性。只想象着自己轻松解题的大致过程或遇到难题后经过一番思索终于将它解开的过程，也可以不涉及具体的试题。

3. 如果发现自己出现了紧张感，便开始停止想象，将注意力集中于呼吸，重新进行放松。当完全放松后，再次想象刚才的情景并体会轻松感。

4. 将上面的情景重复想象两次，而且保证不出现紧张感或者焦虑感。

5. 想象自己考试获得圆满成功的心花怒放、欢快激动的场面和心情，体会其中的成功感。

6. 注意力重新转向自己的呼吸并放松，然后结束想象训练。

需要注意的是，每次运用想象冥想祛除焦虑情绪的时间不宜过长，一般在 20~30 分钟。

晚上睡觉时，要用想象冥想去过滤一天所有让你感到忧虑或烦心的事物，就要力求做到：用令你满意的方式，将白天那些烦心事重新预演或重新塑造，这也是调节和平衡自我情绪的有效方法。它能让我们的思绪总停在那些所希望出现的事情或事物之上，通过重复和调整而形成的内化的过程，然后在生活习惯中展现出来，这是调节负面情绪的良方。

另外，想象冥想法对于生活中那些缺乏信心的自卑者也较实用。如果你因为内心的自卑而导致工作或事情进展得不顺利，你便可以采用积极深化想象的方式，即在头脑中预演成功，将成功的目标、成功的情景及在此之前应该做的事情都在脑海中预演一遍，以获得一些有益的启示、兴奋的体验和积极的心态，这样有利于你取得成功。比如你的目标是搞定一项工作，那么你就应该经常地、有意识地想象一下自己完成那项工作应付出的努力，以及成功后的喜悦或者被上司表扬后的情景等，使自己处于一种成功的积极的精神状态中，从而十分有助于加快你完成那项工作任务。

用暗示冥想法来调控你的情绪

一位心理学家说："我们的一生好比是一艘漂浮在海面上的小船，我们都在努力奋进，让自己生活得更美好，可是，有很多人都没有意识到，我们不仅是漂浮在海面上，更是漂浮在巨大的洋流上，如果你意识不到这一点，即使你再努力，也可能会偏离方向。"这说的就是潜意识的作用。潜意识不仅能决定人生的航向，更能有效地调控和平衡人的情绪。

生活中，潜意识的作用已被人们所接受，比如明天要参加一个会议，你告诉自己明天早上要早点醒来，千万别迟到。第二天早上，闹钟还未响，你便能醒来。在此之前，你向来可以一觉睡到大天亮的。这就是"千万别迟到"这种念头在无意中起了暗示作用，然后通过自律神经系统来控制你的睡眠，这种现象反复强化，便能建立一套条件反射，通过身体的反应自由地控制你的睡眠和苏醒，这一过程也是冥想的过程。生活中，它也可以用来调节和平衡人的情绪。

一位以写悲剧而著称的作家，曾经十分沮丧地对心理医生说："我一生中所经历的每件事情，都是一个悲剧。我失去了健康、财富、亲人和爱人。每一件事情一旦碰到我，就一定会出现这样或那样的毛病。"

心理医生耐心地对他说："首先，你要将你的悲剧故事与生活彻底分离开来。在你心中，你该建立一个大前提，那便是你的潜意识的无限智慧会引导你，让你在精神和心智及物质各个方面，都向着美好的方向发展。然后，你积极的心态就会自动在你投资、健康等各个方面给予睿智的指导，让你恢复心灵的平和与宁静。"

而这位作家接纳了心理医生的建议，开始对自己的生活进行重新规划。每写完一个悲剧故事后，他都会将"自我"从故事中抽离出来。然后，他会在本子中写道："潜意识会给我无穷的智慧，让我拥有完美、健康和富足的生活。正确行动的原则和潜意识的力量，将改变我的全部生活，我知道我的大前提是置于生命的永恒真理之上的，而且我知道，并且相信我的潜意识，会因为我的想法给我带来十全十美的答案。"

之后，这位作家主动告诉心理医生："这种方法真的很奏效，这些话，真的潜入我的潜意识中去了，并让我的生活有了极大的改变。"

如今，这位作家已经从焦虑和痛苦中解脱出来，拥有了令自己满意的健康、财富及快乐的生活，而这一切都是潜意识所带给他的。

可见，暗示冥想法对情绪的调节和平衡作用，也即是潜意识的作用，它能有效地调节我们的情绪。因此，在我们心情糟糕时，千万不要对自己说"生活太艰难、烦恼真多"等消极的暗示语，这样你就等于拒绝了潜意识对自我的调节作用，那你的心情肯定会越来越糟糕。

心理学家指出，潜意识不会与你争辩，也会不反驳你，如果你将消极的想法传输给你的潜意识，你的潜意识便会根据这些想法产生相应的反应，而这样的结果就是在阻挡你自己走向更好的方向，你的生活也会变得更糟糕。如果你想实现自己的愿望，你就要向你的潜意识提出正确的要求，获得它的合作和帮助。潜意识有它自己的心智，但它会接纳你的想法和意念。其实，潜意识对人的情绪起调控作用的过程，就是暗示冥想的过程。生活中，当你处于焦虑状态时，就要学着用这种方法来调控你的情绪。当然运用这种方法，必须讲究放松技巧，依照命令放松你身上的每块肌肉，一般的方法是从脚尖开始的：

1. 放松右脚的脚趾尖，然后脚踝、膝盖、大腿、脏器、颈部，这一部分肌肉放松之后，换左脚。

2. 放松右手指尖，依次为手腕、手肘、肩部，所有的肌肉放松之后，换左手。

3. 然后是下巴、鼻子、耳朵、眼睛，也依照这个顺序放松。

这一放松练习在反复多次之后，就能自如进行，全部过程只需要 30 秒的时间，随时随地都可以做，如上下班、饭前饭后、睡前睡后，都可以练习。

静默冥想：平抚情绪，"修复" 疲惫的心灵

一位探险家，到南非洲的丛林中寻求古代文明的遗迹。为了赶路，他雇用了当地人作为向导及挑夫，一行人浩浩荡荡地向丛林的深处走去。那群土著人的脚力过人，尽管他们背负着行李，仍旧是健步如飞。在整个队伍的行进过程中，总是探险家先喊着要休息，让土著们停下来等他。

一连行进了三天，探险家虽然体力跟不上，但是希望能够早一点到达目的地，于是硬撑着跟着队伍行进。到了第四天，探险家一觉醒来，便立即催促挑夫打点行李，赶快向前。不料那些土著人竟然拒绝行动，这令探险家很是恼怒。

经过仔细地打探，他了解到这群土著人自古以来便流传着一项神秘的

习俗：在赶路时，皆会竭尽所能地拼命向前冲，但每走上三天，便需要休息一天。探险家对于这项习俗很是好奇。对此，当地的土著人告诉他说："这种休息方式是为了让我们的灵魂，能够追得上我们赶了三天路的疲惫身体。"

探险家听罢此话，心中若有所悟。他沉思良久，终于展颜微笑，认为这是这次旅途中最大的一项收获。

探险家的经历告诉我们，凡事都应全力以赴，让自己动作起来时，浑身充满了无比的冲动，使灵魂几乎也跟不上这样的动作，这的确是真正用心做事时，最美好的境界。但是该休息时，就应该完全地放松自我，让疲惫的身心，获得完整的复原机会，好让灵魂追得上充满干劲的步调，这也是驱赶焦虑的有效良方。

加尔文说："只要我们能够静下来，并且保持静默，我们生活中的五分之一的烦恼都会不见了。我十分相信，安静是人最难学的功课，我们总是在不知不觉中掉入一团慌乱的状态中。不要让自己陷入忙碌的陷阱，忙碌只不过是死神折磨人的伎俩，它能让我们在无尽的忙乱中消耗掉宝贵的生命，有时还会混淆了人生的方向。"不可否认，随着现代生活节奏的加快，"忙碌"已成为现代人生活的代名词，在不断地与时间的追逐中，你的心灵是否已经慌乱不堪，不知所措。这个时候，我们就需要通过冥想让心灵静下来，重新去感受生活的意义。西方著名的冥想教练列克·汉斯博士说："在忙乱中的人通过冥想可以让自己褪祛因为闲下来而产生的莫名的罪恶感。"可见冥想对修复疲惫身心的力量有多大。所以，当你在忙碌中感到焦虑或恐慌不安时，那就闭上眼睛学着去冥想。刚开始你的情绪可能会剧烈地起伏不定，但是只要按照以下的冥想步骤去做，你一定会慢慢地平静下来的：

1. 准备阶段：平抚心情

找一个安静的地方，坐在靠背椅子上面，挺直你的腰板，双脚分开，宽度约与肩部相同，并且自然垂于地面，眼睛半睁半闭，视线落在前方一米左右的地方，口中默念"心平气和"四个字，慢慢地你就能让心灵从慌乱的状态中平静下来了。

2. 第一阶段：重感训练

这一阶段着重训练你的"重感"，以让身体达到轻松的状态。所谓的"重感"即是感觉到有一种重量。感觉重量的地方是双手双脚，先手后脚，比如有节奏地默念道："左手重"—"右手重"—"左脚重"—"右脚重"。节奏要迟缓，要缓慢平稳，这样你的手脚就能感受到沉重，想抬都抬不起来，反复训练几次后，身体就会感到放松。

3. 第二阶段：温度训练

所谓"温感"即让身体感受到温度。依上述的训练，在心中反复默念："手脚温暖"—"手脚温暖"，于是，你的手脚慢慢地就会产生温暖的感觉。这样的感觉，会有效地促使体内的血液循环顺畅，使全身都充满氧气，同时驱动体内分泌松弛因子，从而使全身达到放松温暖的感觉。

4. 第三阶段：心脏训练

心脏跳动节奏的平稳度决定了一个人情绪的波动状况。所以，在冥想中也要注重心脏跳动节奏的调节。因为人心脏的跳动是不以人的意志为转移的，所以在冥想中通过默念"心脏跳动平稳均匀"，来对心脏施加一些影响，促使心脏的节奏跳动均匀，从而使情绪得到平抚。

5. 第四阶段：呼吸训练

通过调整呼吸也可以使人的情绪得到平抚，所以，有意识地对你的呼吸施加影响，可以促使血管扩张，加快血液中荷尔蒙的产生与流速，从而使人体产生愉悦的感觉。

6. 第五阶段：腹部训练

此阶段的训练目的是调节肠胃、肝脏、胰腺等内在功能，从而获得身心的松弛。在这个阶练训练时，我们可以默念"肚子暖和"等暗示语，促进体内的肠子慢慢蠕动，从而使整个身心放松。

7. 第六阶段：额部凉感训练

古代医学界常有"头寒脚热"的说法，所以，让面部和头部感觉凉爽对身体是十分有益的。做这个训练时，你可以默念"头部凉爽舒适"，慢慢地，你的额头就会产生凉爽感。

以上的冥想步骤可以使人在短时间内身心恢复平静，长期坚持，会让人受益无穷。

意义冥想：让你重新找回生活的激情

许多人在工作的初期，都是有理想、目标和追求的。虽然未来的道路很漫长，但是有明确的方向，也就有了十足的工作动力。随着时间的增长，当自己梦寐以求的东西陆续到手时，就会突然感觉前面的道路变得迷茫了，完全不知道自己今后的工作和生活是为了什么。于是，只是机械地开始整日整夜地加班、熬夜，把已经搞到身心俱疲、焦虑不安，始终都搞不明白自己做这一切是为了什么，自己究竟是为何而活的，觉得自己的生命已经枯竭了。

如何才能重新找寻到工作的意义，从而从根本上祛除内心的焦虑情绪呢？针对这样的心理，维也纳罗斯医学博士弗兰克尔开创了意义治疗法。意义疗法是一种在治疗策略上着重在引导就诊者寻找和发现生命的意义，帮助消极的人树立明确的生活目标，并最终让他们以积极向上的态度来面对和驾驭生活的心理治疗方法。这种心理疗法可以让人们懂得"为何而活"，然后去迎接"任何困难"，从此走上追求生命意义的人生道路，并从中体验到真正的人生幸福。意义疗法的发明者弗兰克尔本身就是意义疗法的最大受益者。

"二战"开战后，身为犹太人的他拒绝了美国为他签发的移民签证。后来，他就被纳粹党送进了集中营。在那段艰苦的岁月中，他失去了父母、兄弟、妻子，只有他的妹妹与他一起活了下来。当时他一无所有，他只有一条生命在漫长的、充满折磨的日子中残喘。

在那段时间里，他心情极其低落，觉得死亡或许可以使自己获得解脱。就在这个时候，激发了他要开创意义疗法的灵感。他之所以能够活下来，也就是因为当时他已经开始思考和总结意义疗法的框架。

当时，弗兰克尔在集中营的主要工作就是不停地挖地沟和隧道，单调而又乏味。他经常在寒冷的冬天穿着单薄的衣服御寒。当时，他认为自己除了"赤裸裸的生命之外，已经没有任何东西能丧失了"。那时候只有"服从生活的命令"，这样的生活从另一方面又警示了弗兰克尔，意义的答案不止一个，每个人都需要找到一个特殊的理由生存下去。比如有些人可以为了保持尊严去忍受痛苦，有些人在绝望中还相信生活依旧对他们有所期待，有些人为了亲友的爱而继续活下去……

从集中营回国后，他有了这样的认识：人在任何情况下，都有选择他们行动的能力。一切情况下包括在痛苦和面临死亡之时，都能够发现生活的意义。在人的人格动机体系中，起支配地位的是意义与意志，它对人的心理健康起着十分重要的作用。这是意义疗法的核心内容。

尽管弗兰克尔没有告诉我们用什么样的方法去发现生命意义在何处，却对什么是意义，怎么找到它们提出了一些指导。他认为活得有意义是人生活的基本动力，并具有以下四个特征：

1. 对自认为有意义的目标的努力。
2. 它是可能完成的，并且是可行的目标或行动。
3. 一个以自我为中心的人为他人付出得越多，他可能获得的就越多。
4. 意义感在人的一生中能够改变或改进。

工作中的每一天，每个人都有机会了解到不同人的人生方向与目标。如一个公务员可能投身于救助和照看流浪动物的行动中去，致力于把这个世界变得更好；一个商人，可能在商业方面获得了巨大成功，但心里却藏着一直想成为一个艺术家的梦。每个人都在用自己的方式，寻找着属于自己的人生意义。找到人生的意义是人生的一项巨大挑战，同时也是一种最大的满足。而意义疗法就是在人们绝望之时，转变人的观念，让他们找到属于自己的生活或生存意义的基本方法。它主要包括以下几个方面：

1. 如何看待自己的工作？

你在从事什么样的工作？做到了哪个职位？对于自己正在从事的这份工作，又是如何看待的？对一个人来说，可能已经对自己的工作失去了兴趣和新鲜感，甚至开始厌倦和反感了，或者已经觉得心力交瘁，没有任何成就感了。

其实，从事什么工作并不重要，重要的是如何从事这项工作，对工作怀有何种态度。只有积极的、有创造性的、有责任感的态度，才能赋予工作以意义。而对有些人来说，工作已经成了填补他们空虚生活与无意义感的手段。若以这样的态度对待工作，那么每个周末来临时，无目的、无意义的生活状态就会袭上心头。然而，工作并不是发现生命意义的唯一途径，我们可以保持内心的自由，从困境中发掘出我们为战胜工作难题的存在意义。

2. 如何看待爱情？

弗兰克尔将两性之间的关系分为三个层次：生理的、心理的、精神的，这三者分别对应着性、情和爱。

生活中，很多人只顾单恋带来的紧张，或不相信爱的存在，因而回避一切爱的机会，将两性关系降到较低的层次。对于这些人，意义疗法采取的方法是：引导他们学会并乐于接受九苦一甜的爱，并让他们学会承担爱情带来的责任。

对于一直单身，没有找到对象的人来说，意义疗法的作用是让其明白，爱情的本质不是索取，而是通过付出得到一种幸福的体验。体验爱情的幸福，才是爱情的意义所在。

对于失恋者来说，意义疗法的作用是：让其懂得获得爱情不是占有对方，而是看着被爱的人幸福。让被爱的人幸福，获得他（她）想要的幸福，我们的爱才会不受束缚，才能自由飞翔，才会天长地久。

3. 如何看待生活苦难？

苦难中，人们可以得到一个机会去实现最深的意义与最高的价值——态度的价值。因为正视命运所带来的痛苦，本身就是一种进取，而且是人所具有的最高层次的精神进取。

苦难可以使人远离冷漠与无聊，使人变得更为积极，从而成长与成熟。当然，只有在痛苦是不可避免的时候，忍受痛苦才具有巨大的价值。

从某种意义上说，当发现一种受难的意义，如牺牲的意义时，受难就不再是受难了。否则，苦难就不能称其为苦难，忍受也没有什么意义。

最后，需要注意的是，我们不应该总去追问生命的意义是什么，而应当负起生命中的任务所赋予的责任，在完成这一使命的过程中，生命的意义将逐渐地呈现。

如果一个人只以快乐和幸福为目标，就常会找不到快乐和幸福；而放弃这一狭隘目标，全身心投入生活时，快乐和幸福反而来了。